松花江流域河湖水系变化及优化调控

吕军　汪雪格　李昱　叶磊 等　编著

· 北京 ·

内 容 提 要

本书以松花江流域河湖水系为研究对象，从松花江流域河湖水系变化出发，深入揭示自然和人为因素共同影响下河湖水系的变化特征及规律，分析影响流域河湖水系变化的主要因素，归纳总结出松花江流域河湖水系存在的主要问题，并结合流域特点提出流域生态优化调控的修复措施，以流域中第二松花江流域及嫩江流域这两个子流域的核心控制性水库为典型，分别进行优化调控。本书研究成果将对松花江流域水生态环境保护具有重要意义，对流域开发利用具有一定的指导作用，对国内类似流域的河湖水系及水生态研究也具有一定的借鉴意义。

本书可供生态学、环境科学与工程、水文水资源、流域规划与环境管理等专业的教学、科研工作者借鉴和参考。

图书在版编目（CIP）数据

松花江流域河湖水系变化及优化调控 / 吕军等编著
. -- 北京 : 中国水利水电出版社, 2017.6
ISBN 978-7-5170-5915-8

Ⅰ. ①松… Ⅱ. ①吕… Ⅲ. ①松花江－流域－水资源管理－研究 Ⅳ. ①TV213.2

中国版本图书馆CIP数据核字(2017)第234583号

书 名	**松花江流域河湖水系变化及优化调控** SONGHUA JIANG LIUYU HEHU SHUIXI BIANHUA JI YOUHUA TIAOKONG
作 者	吕军 汪雪格 李昱 叶磊 等 编著
出版发行	中国水利水电出版社 (北京市海淀区玉渊潭南路1号D座 100038) 网址：www.waterpub.com.cn E-mail：sales@waterpub.com.cn 电话：(010) 68367658（营销中心）
经 售	北京科水图书销售中心（零售） 电话：(010) 88383994、63202643、68545874 全国各地新华书店和相关出版物销售网点
排 版	中国水利水电出版社微机排版中心
印 刷	北京市密东印刷有限公司
规 格	170mm×240mm 16开本 8.5印张 172千字 8插页
版 次	2017年6月第1版 2017年6月第1次印刷
印 数	0001—1000册
定 价	**48.00**元

编写人员名单

主　编：

吕　军（松辽流域水资源保护局松辽水环境科学研究所）

汪雪格（松辽流域水资源保护局松辽水环境科学研究所）

李　昱（大连理工大学）

副主编：

叶　磊（大连理工大学）

刘　伟（松辽流域水资源保护局松辽水环境科学研究所）

唐　榕（大连理工大学）

参加编写人员：

王彦梅（松辽流域水资源保护局松辽水环境科学研究所）

吴计生（松辽流域水资源保护局松辽水环境科学研究所）

姚艳玲（松辽流域水资源保护局松辽水环境科学研究所）

胡　俊（松辽流域水资源保护局松辽水环境科学研究所）

邵文彬（松辽流域水资源保护局松辽水环境科学研究所）

魏春凤（松辽流域水资源保护局松辽水环境科学研究所）

刘洪超（松辽流域水资源保护局松辽水环境科学研究所）

张　正（松辽流域水资源保护局松辽水环境科学研究所）

田浩然（松辽流域水资源保护局松辽水环境科学研究所）

序

河湖水系是由自然演进过程中形成的江河、湖泊、湿地等各种水体构成的自然水系。随着水库、闸坝、堤防、渠系和蓄滞洪区等水利工程的修建以及降雨量等气候变化因素的综合影响，河湖水系不同维度的连通格局发生巨大的变化。河湖水系之间水力联系逐渐减弱，生态水文联系发生较大改变或缺失，这些变化将导致流域难以维持稳健的水循环以及完整的水生态平衡，流域生态水文系统的健康状况不断恶化。如何修复河湖生态水文联系、保护流域水生态环境、维护水生态系统良性循环已成为流域水资源管理中亟待解决的热点和难点问题。

生态优化调控是一种通过水利工程调度来恢复河湖间原有水力联系、满足河湖水系生态需求的修复措施。该措施既能保证防洪、发电、供水、灌溉和航运等多种社会经济需求，又能兼顾河湖水系生态方面的需求，是一种较易实现的非工程修复手段。然而，由于人们对此认识不足、生态观测资料匮乏等原因，我国对生态优化调控的理论研究尚不深入，实践较为缺乏。生态调控中多以最小生态流量作为目标，仅能满足生态环境的最低要求，一旦调控失效将对河湖生态环境造成严重破坏。相关研究实践中缺乏对具体性修复保护对象的针对性，生态环境修复效果不明显。国外生态调控理论和实践经验虽相对成熟，但因为地理位置、发展观念及现实条件等存在较大差异，能用到我国流域生态修复的理论方法及实践经验不多。为此，结合我国流域实际情况有针对性地进行生态优化调控研究意义重大。

在此背景下，松辽流域水资源保护局松辽水环境科学研究所协同大连理工大学、中国科学院东北地理与农业生态研究所以及北京师范大学共同承担了水利部公益性行业专项经费项目“松花江流域河湖连通特征及修复技术研究”(201401014) 的科研工作，并从最终形成的《松花江流域河湖连通特征及修复技术研究报告》中提炼总结出《松花江流域河湖水系变化及优化调控》一书。该书以松花江流域为研究对象，首先，从河流、湖泊、湿地三个方面的不同表现特征来揭示该流域河湖水系的变化规律，并围绕气候变化、人口变化、水利工程建设、土地利用、路桥建设等方面深入探究河湖水系变化的影响因素；其次，确定了松花江流域河湖水系变化下的主要生态环境问题，并以生态调控为重点修复措施，总结提出包括模型构建及求解在内的生态优化调度理论；最后，以嫩江及第二松花江两个子流域为典型区域，分别通过调控丰满水库和尼尔基水库来实现鱼类生境修复和湿地补水修复研究。

松花江流域的生态修复研究结合流域实际情况提出了不同的生态问题，通过构建河湖水系水文过程和水生态需求的有机联系，进行了相应的生态调控，反映了流域生态修复的具体需求。该研究是我国流域尺度生态修复研究的一次重要探索，有利于提高流域水资源可持续管理水平，为流域水利综合规划、水生态规划与管理等工作奠定基础，对指导和恢复东北地区水生态有着极为重要的指导意义。其生态优化调控的研究思路，可以为其他流域的生态修复研究提供借鉴。此外，该流域的生态优化调控研究对完善我国生态修复的理论研究、推进生态修复的具体实践、提升流域生态修复水平具有极为重要的理论价值和现实意义。

2017 年 5 月

前 言
PREFACE

河湖水系不但是水资源的载体，而且是水生态环境的重要组成部分，其连通格局变化会对水生态环境产生较大影响。随着人类活动和气候变化等多重因素的影响，河湖水系横向、纵向、垂向连通性受到阻隔，河湖水系间水力联系减弱，生态水文联系发生较大改变或缺失，河湖生态水文系统平衡被打破，生态环境问题逐步凸显。针对不同流域，结合流域河湖变化的实际情况，识别河湖水系变化的关键影响因素及主要生态问题，有针对性地提出生态修复措施对实现流域生态修复具有极为重要的意义。

松花江流域是我国七大流域之一，包含嫩江、第二松花江和松花江干流，流域面积为 56.12 万 km^2，占全国国土面积的 5.85%。该流域水资源丰富，是我国重工业、农业、林业和畜牧业生产基地，有着丰富的渔业资源和湿地资源。近年来，随着人类活动和气候变化的影响，天然河湖、人工河道、水利工程等共同形成了新的水网体系，河湖水系连通格局不断发生变化，流域出现了水生生境恶化、水生生物丰度及多样性减少、湿地面积萎缩以及功能退化等生态问题。选用何种生态修复措施科学合理地应对流域生态问题，已成为流域亟待解决的问题。

本书以松花江流域河湖水系为研究对象，从松花江流域河湖水系变化出发，深入揭示了自然和人为因素共同影响下河湖水系的变化特征及规律，分析了影响流域河湖水系变化的主要因素，归纳总结出松花江流域河湖水系存在的主要问题，并结合流域特点提出流域生态优化调控的修复措施，以流域中第二松花江流域及嫩江流域这两个子流域的核心控制性水库为典型，分别进行优化调控。

本书是在水利部公益性行业专项经费项目“松花江流域河湖连通特征及修复技术研究”（201401014）课题基础上进行提炼总结，并借鉴前人的一些研究成果编著完成的。

本书分为 6 章，由吕军、汪雪格负责统稿、文字修订和图表设计。每章的具体内容及分工如下：

前言由吕军撰写；第 1 章松花江流域概况，由吕军、汪雪格、刘伟撰写；第 2 章松花江流域河湖水系变化特征，由王彦梅、胡俊、邵文彬、田浩然撰写；第

3 章松花江流域河湖水系变化影响因素分析，由汪雪格、姚艳玲、吴计生撰写；第 4 章松花江流域河湖水系生态问题及水库优化调控基本理论与方法，由李昱、唐榕、刘洪超撰写；第 5 章基于鱼类生境修复的丰满水库优化调控，由李昱、叶磊、魏春凤撰写；第 6 章考虑湿地补水的尼尔基水库优化调控，由唐榕、叶磊、张正撰写。

本书在编写过程中历经数十稿，最终成书。尽管作者力争使本书无论在内容上还是在编排上都科学、清晰和完善，但由于自身水平和学识有限，还有资料掌握以及研究范围的限制，错误和不足在所难免，敬请广大读者和同行批评指正。

编者

2017 年 5 月

目录
CONTENTS

第1章 松花江流域概况

1.1 自然地理

松花江流域地处我国东北地区的北部，位于东经119°52′～132°31′、北纬41°42′～51°38′之间，东西宽920km，南北长1070km。流域西部以大兴安岭为界，东北部以小兴安岭为界，东部与东南部以完达山脉、老爷岭、张广才岭、长白山等为界，西南部的丘陵地带是松花江和辽河两流域的分水岭。行政区涉及内蒙古、吉林、黑龙江和辽宁四省区，流域面积为56.12万km^2，其中内蒙古自治区15.86万km^2、吉林省13.17万km^2、黑龙江省27.04万km^2、辽宁省0.05万km^2。

松花江是我国七大江河之一，有南北两源。北源嫩江发源于内蒙古自治区大兴安岭伊勒呼里山，南源第二松花江发源于吉林省长白山天池，两江在三岔河汇合后始称松花江，东流到黑龙江省同江市注入黑龙江。

松花江流域三面环山，河谷阶地地形较为明显，主要平原为松嫩平原和三江平原。西部为大兴安岭，海拔高程700.00～1700.00m；东北部为小兴安岭，海拔高程1000.00～2000.00m；东部与东南部为完达山脉、老爷岭、张广才岭和长白山脉，长白山主峰白云山海拔高程2691.00m，是流域内最高点；西南部的丘陵地带海拔高程250.00m左右。松花江流域山丘区面积占总面积的62.2%，平原区面积占37.8%。

嫩江流域西北部属山区，植被良好，森林覆盖率高，是我国著名的大兴安岭林区；从嫩江镇到尼尔基镇，地形逐渐由山区过渡到丘陵地带；嫩江从齐齐哈尔市逐步进入平原区，向南直至松花江干流形成广阔的松嫩平原。

第二松花江流域东南部是高山区和半山区，植被好、森林覆盖率高，是我国著名的长白山林区；吉林市是第二松花江流域内山区与平原区之间的过渡带，为半山区；在京哈铁路进入平原区。

松花江干流从三岔河口至哈尔滨段为平原区；从哈尔滨到佳木斯市段，为丘陵与河谷平原相间区；从佳木斯开始进入广阔平原区，该流域是三江平原的主要组成部分。

流域内湖泊泡沼多、湿地分布广。矿产资源品种多、储量丰富，石油、砂金、石墨、泥炭、硅线石等储量均居全国之首，煤炭和天然气储量也很丰富，铜、铅、锌、钨、钼等有色金属的矿藏量大、分布广。

流域内的松嫩平原地势低平、城市密集、人口众多、水资源开发利用程度较高；流域内的三江平原土地资源丰富，区内水资源开发利用程度已较高，过境水资源丰富；松嫩平原周围山地主要包括西部的大兴安岭、北部的小兴安岭、东南部的张广才岭及长白山，该区河流发育，森林茂盛，人口及耕地较少，水资源相对丰富。

1.2　河湖水系

松花江流域西、北、东三面环山，中、南部形成宽阔松嫩平原，东北部为三江平原。松花江流域范围包括黑龙江省、吉林省大部分地区、内蒙古自治区东部和辽宁省的一个县，含两个省会城市（哈尔滨和长春）。

松花江流域水系一大特点是湖泊泡沼多，大小湖泊共有600多个。这些湖泊大部分在第二松花江下游、嫩江下游，以及嫩江支流乌裕尔河、双阳河、洮儿河和霍林河下游的松嫩平原的低洼地带以及松花江下游地区，有的湖沼在江道上或江道旁侧，并与江道连通，如镜泊湖、月亮泡、向海泡和连环湖等，这些湖泊泡沼对调节和蓄滞洪水，可以起到较为重要的作用。松花江流域河湖水系分布见附图1。

1.2.1　河流

松花江流域水系发育，支流众多，流域面积大于1000km^{2}的河流有86条，大于10000km^{2}的河流有16条。河流上游区分别受大兴安岭和长白山山地的控制和影响，水系发育呈树枝状，各支流河道长度较短；在中下游的丘陵和平原区内，河流较顺直，且长度较长。松花江流域主要河流水系特征见表1.2-1，松花江流域主要支流水系特征见表1.2-2。

表1.2-1　松花江流域主要河流水系特征表

河流水系	河长/km	流域面积/万km^2	平原区面积/万km^2	多年平均年径流量/亿m^3	主要支流
嫩江	1370	29.85	11.83	293.86	甘河、诺敏河、雅鲁河、绰尔河、洮儿河、霍林河、讷谟尔河、乌裕尔河、阿伦河、音河、双阳河
第二松花江	958	7.34	1.77	164.16	辉发河、饮马河、伊通河

续表

河流水系	河长/km	流域面积/万 km²	平原区面积/万 km²	多年平均年径流量/亿 m³	主要支流
松花江干流	939	18.93	7.61	359.68	阿什河、拉林河、呼兰河、蚂蚁河、汤旺河、牡丹江、倭肯河、梧桐河
合计		56.12	21.21	817.70	

表 1.2-2　松花江流域主要支流水系特征表

河流水系	主要支流	流域面积/km²	河长/km	平均坡降/‰	所属省（自治区）	所属地（市、州、盟）
嫩江	甘河	2.0442	446	1.98	内蒙古	呼伦贝尔市
	讷谟尔河	1.3740	688	0.59	黑龙江	齐齐哈尔市、黑河市、绥化市
	诺敏河	2.7983	467	1.99	内蒙古、黑龙江	呼伦贝尔市、齐齐哈尔市
	阿伦河	0.6658	318	—	内蒙古、黑龙江	呼伦贝尔市、齐齐哈尔市
	音河	0.3749	215	—	内蒙古、黑龙江	呼伦贝尔市、齐齐哈尔市
	雅鲁河	1.9798	398	2.08	内蒙古、黑龙江	呼伦贝尔市、兴安盟、齐齐哈尔市
	绰尔河	1.7736	576	1.68	内蒙古、黑龙江	呼伦贝尔市、兴安盟、齐齐哈尔市
	乌裕尔河、双阳河	2.4142	乌：587 双：89	0.71	黑龙江	齐齐哈尔市、大庆市、黑河市、绥化市
	洮儿河	4.3443	553	2.32	内蒙古、吉林	兴安盟、锡林郭勒盟、白城市
	霍林河	3.6623	590	—	内蒙古、吉林	兴安盟、锡林郭勒盟、通辽市、白城市、松原市
第二松花江	辉发河	1.4648	289	0.50	辽宁、吉林	抚顺市、通化市、辽源市、吉林市
	伊通河	0.9336	342.5	0.30	吉林	四平市、辽源市、长春市
	饮马河（不含伊通河）	0.8056	386.8	0.30	吉林	吉林市、长春市
松花江干流	阿什河	0.3532	257	1.00	黑龙江	哈尔滨市
	呼兰河	3.1424	523	—	黑龙江	哈尔滨市、齐齐哈尔市、伊春市、黑河市、绥化市
	拉林河	1.9923	244	1.43	吉林、黑龙江	吉林市、长春市、松原市、哈尔滨市
	蚂蚁河	1.0547	341	3.16	黑龙江	哈尔滨市
	倭肯河	1.1123	450	0.71	黑龙江	哈尔滨市、佳木斯市、七台河市
	汤旺河	2.0557	509	0.93	黑龙江	伊春市、佳木斯市
	梧桐河	0.4565	498	—	黑龙江	鹤岗市、佳木斯市
	牡丹江	3.8909	726	1.23	吉林、黑龙江	延边朝鲜族自治州、吉林市、牡丹江市、七台河市、哈尔滨市

1. 嫩江

松花江北源嫩江是比较大的河流，它发源于大兴安岭伊勒呼里山中段南侧，正源名南瓮河，河源海拔1030.00m。嫩江自河源流向东南，在十二站林场南约1km处，与二根河会合，转向南流，始称嫩江。自北向南流至三岔河，全长1370km，流域面积29.85万km^2，占松花江总流域面积的53.2%，流量占松花江干流的31.0%。

嫩江左、右岸支流均发源于大、小兴安岭支脉，主要有甘河、诺敏河、雅鲁河、绰尔河、洮儿河、讷谟尔河和乌裕尔河等，组成树枝状的水系。这些支流顺着大、小兴安岭的斜坡面向东南或向西南入干流。嫩江流域水资源比较丰富，由于上游有80%以上面积为茂密的森林覆盖，河流的含沙量较小，富拉尔基断面以上多年平均输沙率为4.5kg/s，多年平均输沙量为140万t，年平均最大含沙量为24.5g/m^3，年平均最小含沙量为1.8g/m^3。嫩江干流落差442.00m，水力资源主要在干流的上游和右侧支流，干流可开发装机容量大于1万kW的水电站有卧都河、古里河、固固河、拉抛、库漠屯、尼尔基、大里湾和大安等8座。

根据嫩江流域的地貌和河谷特征，可将嫩江干流分为上、中、下游三段，即从河源到嫩江县为上游段，长661km，其中河源区河道长172km。河源区为大兴安岭山地，河谷狭窄，河流坡降大，水流湍急，水面宽100～200m，洪水时比降3‰～4‰，河床为卵石及砂砾组成。从多不库尔河口以下，江道逐渐展宽，水量增大，河谷宽度可达5～10km。上游段左岸有卧都河、固固河、门鲁河和科洛河注入，右岸有那都里河、大小古里河和多布库尔河注入。由嫩江县到莫力达瓦达斡尔族自治旗为中游段，长122km，平均坡降0.32‰～0.28‰，是山区到平原区的过渡地带。两岸多低山、丘陵，地势比上游平坦，两岸不对称，特别是左岸，河谷很宽。本河段支流很少，除右岸有较大支流甘河汇入外，其余均为一些小支流和小山溪。由莫力达瓦达翰尔族自治旗到三岔河为下游段，长587km。下游段为广阔的平原，河道蜿蜒曲折，沙滩、沙洲、江岔多。河道多呈网状，两岸滩地延展很宽，最宽处可超过10km，最大水深5.5～7.4m。齐齐哈尔市以上平均坡降0.2‰～1.0‰，齐齐哈尔以下为0.04‰～0.10‰，主槽水面宽300～400m，水深3～4m，河道有很好的自然蓄洪的能力。由于右侧多条支流汇入，洪水集中，所以本干流段防汛任务很重。下游河网密度增加，支流增加，从上游到下游，右岸有诺敏河、阿伦河、音河、雅鲁河、绰尔河、洮儿河和霍林河，左岸有讷谟尔河、乌裕尔河和双阳河。

2. 第二松花江

南源第二松花江发源于长白山的天池，干支流流经吉林省的安图、敦化、吉林、长春、扶余等26个市（县），河流全长958km，流域面积7.34万km^2，占松花江流域总面积的13.1%，它供给松花江39%的水量。整个流域地势东南高、西北低，江道由东南流向西北。流域年平均降水量比较丰沛，水资源较丰富，特别是上游山区，山高河陡，水资源也很丰富。第二松花江干流水能理论蕴藏量8.03万kW，河流落差1556.00m。

第二松花江上游又有两源：南源头道江、北源二道江，均发源于长白山。两源在吉林省靖宇县两江口相汇以后，始称第二松花江。北源二道江的上源又有五道自西向东排列的白河，其中二道白河源——长白山天池是第二松花江的正源。第二松花江上中游河谷狭窄，水量大，落差大，水力资源丰富。两源在黑龙江省和吉林省交界的三岔河（属于吉林扶余县）汇合以后始称松花江。

3. 松花江干流

第二松花江与嫩江汇合口海拔128.20m。由汇合口至通河，干流流向东，通河以下流向东北，经肇源、双城、哈尔滨、阿城、木兰、通河、方正、佳木斯、富锦、同江等市县，于同江县东北约7km处由右岸注入黑龙江，河口海拔57.20m。干流全长939km，流域面积18.93万km^2。松花江干流两岸河网发育，支流众多，集水面积大于50km^2的支流有792条，50～300km^2的有646条，300～1000km^2的有104条，1000～5000km^2的有33条，5000～10000km^2的有3条，10000km^2以上的有6条。干流落差78.40m，河流坡降比较平缓，平均为0.1‰，干流上理想的水电站开发坝址为依兰水利枢纽。干流中游右侧支流牡丹江，发源于长白山脉的牡丹岭，全长725km，落差1007.00m，河道平均坡降1.4‰，比降陡峻，水量比较丰富，其水能理论蕴藏量51.7万kW，占松花江干流区段理论蕴藏量的17.6%。

根据松花江干流的地形及河道特征，可分为上、中、下三段。由三岔河至哈尔滨市为上段。上段全长240km，流域面积3万km^2。河道流经松嫩平原和草原、湿地。三岔河至下岱吉坡降较缓（仅为0.0222‰），下岱吉至谢家屯江道坡降也只有0.06‰，谢家屯附近至哈尔滨坡降为0.052‰。本段内支流较少，下岱吉附近右岸有大支流拉林河汇入。哈尔滨市至佳木斯市是松花江干流中段，河道长432km，穿行于断崖、低丘和草地之间。由哈尔滨市至通河，江道比降较平缓，为0.055‰～0.044‰，左岸有最大的支流呼兰河汇入。下行20km，江道进入长达130km的低山丘陵地带，两岸是张广才岭和小兴安岭的山前过渡带，河谷较窄，两岸为高平原和丘陵区，左岸有支流少陵河、木兰达河，右岸有蚂蚁河注入。自通河县下行约70km，进入干流上有名的“三姓”浅滩区，浅滩区长约27km，江道水面宽1.5～2.0km，坡降0.06‰～0.15‰，中、低水位丰水期、平水期时水深只有1m多，枯水期水深降至1m以下，流速只有1m/s。航运水路宽500～600m，江道中多岛屿和沙洲，并有暗礁，且有多处岩石突露水面，为松花江上有名的碍航江段。过“三姓”浅滩，右岸有大支流牡丹江和倭肯河汇入，左岸有汤旺河汇入，本河段水面逐渐展阔，水深也逐渐加大。佳木斯市市区附近，松花江干流较顺直，主槽宽 800～1300m，水深 8～11m，河道坡降 0.1‰。由佳木斯市至同江市为松花江干流下游段，全长 267km，穿行于三江平原地区。两岸为冲积平原，地势平坦，杂草丛生，河道和滩地比较开阔，水道歧流纵横，滩地宽 5～10km，江道中浅滩很多。松花江干流在同江县城东北注入黑龙江，整个下游河段，地势低平，历来是防洪重点地区之一。

1.2.2　湖泡

松花江流域三面环山，中间为松嫩平原，东部为三江平原，在平原地区有大片湖沼湿地分布，发育有大小不一的湖泊，当地习称为泡子或咸泡子。这类湖泊的成因多与近期地壳沉陷、地势低洼、排水不畅和河流的摆动等因素有关。湖泊具有面积小、湖盆坡降平缓、现代沉积物深厚、湖水浅、矿化度较高等特点。分布于山区的湖泊，其成因多与火山活动关系密切，是本区湖泊的又一重要特色，如镜泊湖和五大连池均是典型的熔岩堰塞湖。前者是牡丹江上游河谷经熔岩堰塞而形成，为我国面积最大的堰塞湖，后者是在 1920—1921 年间，由老黑山和火烧山喷出的玄武岩流，堵塞讷谟尔河的支流——白河，并由石龙河所贯串的 5 个小湖组成。

该流域地处温带湿润、半湿润季风型大陆性气候区。夏短而温凉多雨，6—9 月的降水量约占全年降水量的 70%～80%，汛期入湖水量颇丰，湖泊水位高涨；冬季寒冷多雪，湖泊水位低枯，湖泊封冻期较长。区内湖泊资源开发利用以灌溉、水产为主，有的湖泊兼具航运、发电或观光旅游。

经初步调查统计，松花江流域的大中型湖泊共有 59 个。流域内典型湖泡介绍见表 1.2-3，其空间分布见图 1.2-1。湖泊面积大多数在 10～50km^2 之间，少数湖泊面积大于 100km^2。流域内的湖泊主要为吞吐型淡水湖和闭流类微咸水湖。嫩江沿岸湖泊受人为影响较大，一般都建有堤防和排水闸门等。湖泊形成原因大多是洼地积水成湖。

表 1.2-3　松花江流域内的主要湖泡

序号	湖泡名称	补给河流	下泄河流	湖泊类型	湖泊成因
1	波罗泡子	2条溪流	无	闭流类	岗间洼地积水成湖
2	老江身泡	2条小河	安肇新河	微咸水湖	河成湖
3	中内泡	安肇新河	安肇新河	吞吐型微咸水湖，平原水库型	平原洼地积水成湖
4	七才泡	安肇新河	安肇新河	吞吐型微咸水湖，平原水库型	—
5	库里泡	安肇新河	安肇新河	吞吐型淡水湖	平原洼地积水成湖
6	大布苏湖	大布苏沟	无	闭流类咸水湖	霍林河河床摆动洼地积

续表

序号	湖泡名称	补给河流	下泄河流	湖泊类型	湖泊成因
7	道字泡	地下水	无	闭流类微咸水湖	河迹洼地湖
8	新庙泡子	第二松花江	查干泡	—	河迹洼地湖
9	青肯泡	东湖水库	肇兰河	平原水库型	平原洼地积水成湖
10	哈达泡子	二龙涛河	二龙涛河	吞吐型微咸水湖，平原水库型	—
11	八里泡	富来泡、安达市化工厂退水	—	富营养化类型微咸水湖	沼泽洼地积水成湖
12	泰湖	宏胜水库	嫩江	吞吐型淡水湖	—
13	十三泡	霍林河	无	闭流型微咸水湖	霍林河河床摆动洼地积水成湖
14	张家跑	霍林河	无	闭流类微咸水湖	河间洼地经积水成湖
15	鸿雁泡	库勒河	嫩江	吞吐型淡水湖	洼地滞积湖
16	镜泊湖	牡丹江、尔站河、石头甸子河、松液河	牡丹江	熔岩燕塞湖	熔岩堰塞
17	西大海	南部湖沼小泡群	无	闭流类微咸水湖	湖沼湿地上的洼地
18	时雨大泡子	嫩江	嫩江	吞吐型淡水湖	嫩江废弃古河床洼地
19	喇嘛寺泡子	嫩江	嫩江	吞吐型淡水湖	河流泛滥平原上被废弃
20	大汀	嫩江	嫩江	吞吐型淡水湖	嫩江废弃古河床洼地积水成湖
21	大库里泡子	嫩江	嫩江	吞吐型淡水湖	嫩江废弃古河床洼地积水成湖
22	大金泡	嫩江	嫩江	吞吐型微咸水湖	乌裕尔河尾闾的湖沼湿地
23	五大连池	石龙河	讷谟尔河	堰塞湖	熔岩堰塞湖
24	北二十里泡	双阳河、安肇新河	安肇新河	平原水库型	人为改造
25	跃进泡	松花江支流大通河	松花江	吞吐型淡水湖	河济洼地湖
26	它拉红泡	洮儿河	无	闭流型微咸水湖	—
27	小西米泡	洮儿河	无	闭流类型咸水湖	洼地积水成湖
28	红石湖	头道松花江、松江河、珠子河、那尔轰河、二道松花江	第二松花江	—	—
29	南山湖	乌裕尔河	连环泡	半闭流微咸水湖	乌裕尔河尾闾的河流洼地

续表

序号	湖泡名称	补给河流	下泄河流	湖 泊 类 型	湖 泊 成 因
30	德龙泡子	乌裕尔河	无	闭流类微咸水湖	松嫩平原洼地积水成湖
31	七家子泡	乌裕尔河	无	闭流类微咸水湖	乌裕尔河尾闾的湖沼湿地
32	龙虎泡	乌裕尔河	嫩江	—	湖沼湿地中的一个洼地
33	北琴泡子	乌裕尔河	无	闭流类微咸水湖	松嫩平原洼地积水成湖
34	西碱泡子	乌裕尔河	无	闭流类微咸水湖	乌裕尔河尾闾的湖沼湿地
35	铁哈拉泡	乌裕尔河	无	闭流类微咸水湖	松嫩平原洼地积水成湖
36	那什代泡子	乌裕尔河	无	闭流类微咸水湖	松嫩平原洼地积水成湖
37	牙门喜泡	乌裕尔河	无	闭流类微咸水湖	松嫩平原洼地积水成湖
38	敖包泡子	乌裕尔河	无	闭流类微咸水湖	松嫩平原洼地积水成湖
39	扎龙湖	乌裕尔河	无出流	闭流类微咸水湖	乌裕尔河尾闾沼泽湿地
40	阿木塔泡	乌裕尔河	嫩江	平原水库型微咸水湖	乌裕尔河尾闾湖沼湿地
41	月饼泡	乌裕尔河、双阳河	嫩江	微咸水湖	嫩江支流废弃河道积水
42	克钦湖	乌裕尔河支流九道沟子	乌裕尔河支流九道沟子	吞吐型淡水湖	乌裕尔河下游湖沼湿地
43	东大海	新华电厂冷却水	西大海	—	洼地滞水湖泊
44	查干湖	引松渠道、望海涝区灌溉退水、长山热电厂和长山化肥厂	嫩江	平原水库型微咸水湖	霍林河在查干洼地积水
45	塔利滨泡	引周围泡子来水	排往油田区	微咸水湖	岗间洼地经积水成湖
46	洋沙泡	沼泽湿地	无	闭流类咸水湖	洮儿河支流冲积洼地滞
47	牛心套保泡	沼泽湿地	无	闭流类微咸水湖	河间洼地积水成湖
48	花敖泡	周边沼泽湿地	无	闭流类微咸水湖	原霍林河尾闾的河迹洼地
49	珍字泡	周边沼泽湿地	无	闭流类微咸水湖	原霍林河尾闾的河迹洼地
50	庄头泡	周边沼泽湿地	无	闭流类微咸水湖	乌裕尔河尾闾的湖沼洼地
51	王花泡	—	—	闭流类微咸水湖	—

续表

序号	湖泡名称	补给河流	下泄河流	湖 泊 类 型	湖 泊 成 因
52	碧绿泡	—	—	闭流类微咸水湖	岗间洼地积水成湖
53	马勒盖泡子	—	—	闭流类微咸水湖	—
54	新华湖	—	—	闭流类咸水湖	—
55	元宝泡子	—	—	闭流类微咸水湖	岗间洼地积水成湖
56	敖宝图泡子	—	—	闭流类微咸水湖	岗间洼地积水成湖
57	莫波泡子	—	—	闭流类微咸水湖	岗间洼地积水成湖
58	利民泡	—	—	闭流类微咸水湖	岗间洼地积水成湖
59	龙江湖	—	绰尔河	吞吐型淡水湖	河间洼地积水而成

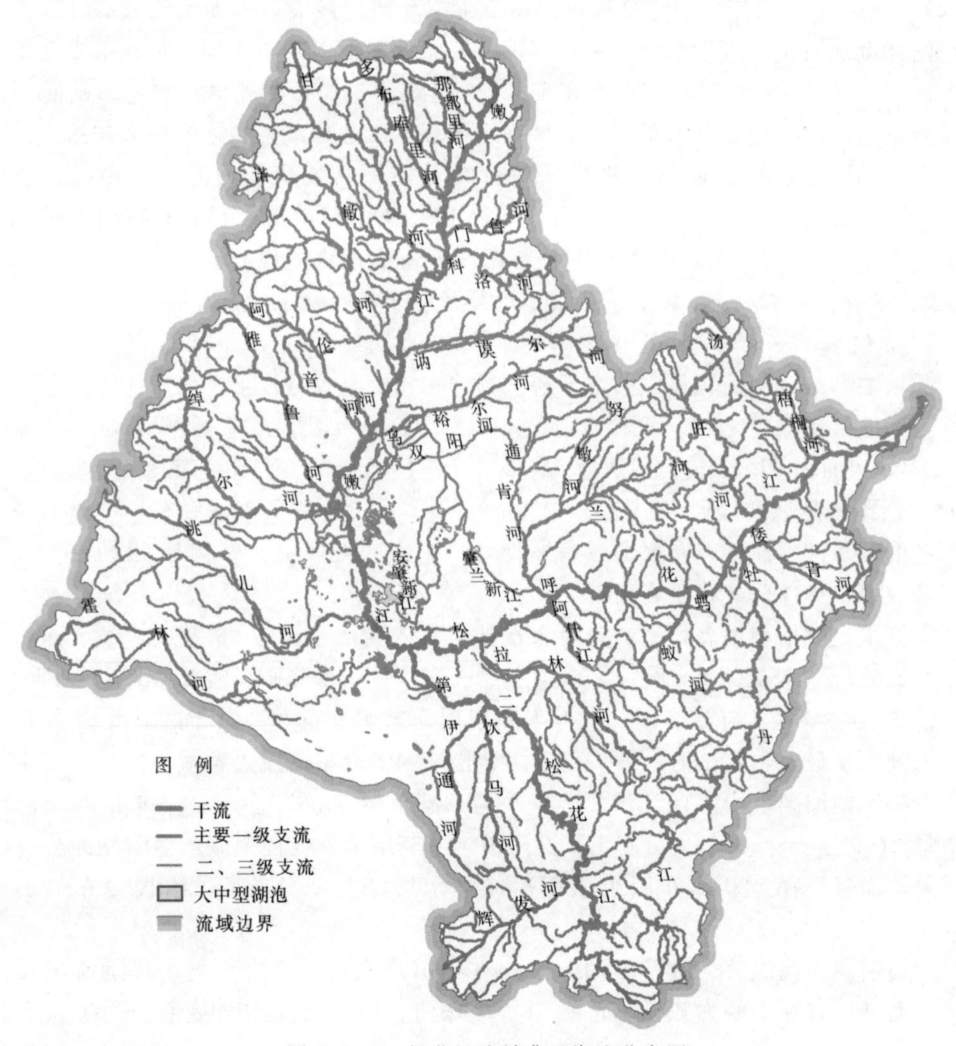

图 1.2-1　松花江流域典型湖泡分布图

1. 连环泡（北纬46°30′～46°50′，东经123°59′～124°15′）

连环泡又名泰康野泡群，是黑龙江省最大的微咸水湖。位于杜尔伯特蒙古族自治县的西部约21.0km，松嫩沉降盆地中心最洼处，系构造断陷形成。由哈布塔泡、西葫芦泡、火烧黑泡、阿木塔泡、他拉红泡、二八股泡、铁哈拉泡、敖包泡、牙门喜泡、北津泡、牙门气泡、马圈泡、那什代泡、红源泡、羊草毫泡、德龙泡、小尚泡、小东湖泡和九河沟、六河沟20个湖泊组成，以河沟相连形似连环而得名。总面积556.08km^2，其中，面积最大的哈布塔泡133.0km^2，面积最小的小东湖泡1.0km^2。水位139.00m，最大水深4.6m，平均水深2.14m。湖水依赖湖面降水和地表径流补给，主要入湖河流为乌裕尔河，集水面积7247.0km^2，无出流。由于乌裕尔河中下游沼泽湿地广袤，入湖水源大部分被上述沼泽湿地滞蓄，入湖水量无法得以保证，湖面时涸时现，干湖现象在历史上曾多次出现，如1937年、1954年和1979年就出现3次干湖现象，均造成严重旱灾；若遇多雨年份，降水集中，流域来水满溢又无法外泄，则使一些低洼地一片汪洋，湖面迅速扩大而形成涝灾。1959年，在嫩江支流托力河口开挖一条长18.0km，宽35.0km的八一幸福河；1970年兴修中部引嫩工程，开挖引水渠和输水总干渠；1980年又开通了补水工程，使湖泊蓄水量保持在11亿m^{3}左右，至此，湖面才得以稳定，湖泊总面积由70年代的358.9km^{2}扩至现在的556.08km^2。

2. 镜泊湖（北纬43°46′～44°3′，东经128°37′～129°3′）

镜泊湖是我国面积最大的熔岩堰塞湖，在宁安县牡丹江上游张广才岭与老爷岭之间的崇山峻岭之中。水位350.00m，长41.0km，最大宽4.85km，平均宽2.23km，面积91.5km^2。最大水深48.0m，平均水深12.9m，蓄水量11.8亿m^3。河水翻越堰塞堤形成一道宽40.0m，落差12.0m的吊水楼瀑布。在镜泊湖南部的牡丹江入流处，有扇形三角洲发育，湖中有大孤山、小孤山、白石砬子、城墙砬子、珍珠门等石质岩岛。

湖水主要依赖地表径流和湖面降水补给，入湖大小河流30余条，集水面积11820.0km^2，补给系数129.2。水量主要以夏、秋两季降雨径流补给为主，其中6—9月为主要径流补给时期，常有大到暴雨，来水总量约占全年的68%，牡丹江入湖水量最大，尔站河、石头甸子河、松液河等众多支流入湖量为次。出流主要取决于镜泊湖电厂年耗水量。多年平均入湖水量30.97亿m^3，多年平均出流水量21.5亿m^3。由于大量湖水从湖底抽走，其结果不仅使湖流产生明显的分层现象，而且在吊水楼瀑布附近湖面形成静水层，大大削减了吊水楼瀑布的出水量。

镜泊湖为我国著名旅游湖泊，不仅有火山口森林、熔岩洞与唐代渤海国遗址，而且还有湖中的大孤山、小孤山、珍珠门、吊水楼瀑布与镜泊山庄等八大名景。

3. 扎龙湖（北纬47°11′～47°13′，东经124°12′～124°15′）

扎龙湖在齐齐哈尔市东南约20.0km。地处松嫩平原西北部，系乌裕尔河下游湖沼湿地上的洼地经积水成湖。水位141.50m，长4.5km，最大宽2.2km，平均宽1.56km，面积7.0km^2，最大水深1.7m，平均水深1.0m，蓄水量0.07亿m^3。湖水依赖湖面降水和地表径流补给，主要入湖河流为乌裕尔河。一般年份乌裕尔河水进入扎龙湖后即消失在杜蒙草原，洪水年份可通过塔尔河泄入嫩江，湖水位的变化直接受乌裕尔河水量的制约，属吞吐型淡水湖。每年有大量丹顶鹤等珍稀水禽来此繁衍生息，是国家最早列为鹤类自然保护区之一，主要经济鱼类有狗鱼、雅罗鱼等，鱼类产量波动主要受乌裕尔河入湖水量影响。入湖水量大，则鱼产量高。

4. 查干泡（北纬45°10′～45°21′，东经124°4′～124°27′）

查干泡又名旱河、大水泊。在前郭尔罗斯蒙古族自治县西北，系霍林河出流被泥沙封淤成无尾河后，河水在查干洼地积水并不断扩大成为河成湖。20世纪70年代以来，多年干旱少雨和霍林河上游修建水库，使霍林河由常年河演变成时令河，入湖水量锐减，湖泊几度出现干涸成为时令湖，至1974年后查干泡终于完全干涸消亡。1983年当地有关部门，修引水渠道55.0km，1984年引松工程完成后，入湖水量始有保证，并使该湖重新复活。1988年又兴建高程129.70m的十家子溢流堰，成为平原水库型湖泊。水位130.00m，长35.0km，最大宽12.6km，平均宽9.9km，面积347.4km^2，最大水深3.5m，平均水深1.56m，蓄水量5.42亿m^3。

湖水主要依赖引松渠道和湖面降水补给。引松工程前，霍林河是主要补给水源，1961年最大入湖水量曾达7.74亿m^3；引松工程后，引松渠道最大引水流量62.6m^3/s，对该湖水量稳定起着主要作用。此外，前郭灌区、望海涝区每年约有1.6亿m^{3}的灌溉尾水和涝水入湖。出流受十家子溢流堰控制，若湖水位超过溢流堰控制高程128.70m时，湖水即外泄入嫩江。

长山热电厂排放的热水污染和长山化肥厂以及灌区尾水中的农药、化肥的入湖污染，因引松后入湖水量的增加，湖水中有害物质比引松工程前均有明显好转。

5. 月亮泡（北纬45°39′～45°48′，东经123°42′～124°2′）

月亮泡又名运粮泡、塔尔浑泡。在大安市、镇赉县境内，嫩江西岸，洮儿河入嫩江河口附近。相传辽金时代金兀术曾到此运粮，故名运粮泡，后人改称月亮泡。在第三纪松嫩古巨泊基础上，经洮儿河摆动和变迁，形成的季节性河成洼地湖。1974年兴建控制工程，1976年完工并投入运行。因工程未达标准，1977年遭洪水破坏，1978年再次加固，同时兴建哈尔金泄水闸等工程，使其转变为蓄洪、灌溉和繁衍水产等综合利用的平原水库型湖泊。水位131.00m，长

25.0km，最大宽11.1km，平均宽8.2km，面积206.0km²，最大水深4.0m，平均水深2.3m，蓄水量4.74亿m³。

湖水主要依赖地表径流和湖面降水补给，集水面积1.9万km²，补给系数92.2。主要入湖河流有洮儿河等，入湖水量16.92亿m³，湖面降水量0.87亿m³，蓄水量1.04亿m³，合计年入湖水量18.83亿m³；出流经哈尔金泄洪闸排入嫩江，年出湖水量15.27亿m³，湖面蒸发量3.56亿m³，合计年支出水量18.83亿m³，水量收支基本平衡。

1.2.3 湿地

1.2.3.1 湿地概况

嫩江流域地势基本是北高南低和西高东低，受流经区域地貌类型影响，发育形成不同类型湿地。在上游河源区为大兴安岭山地林区，森林密布，主要发育形成森林沼泽湿地。中游是山地到平原过渡地带，两岸低山丘陵较多，地势较上游平坦，多发育为灌丛沼泽或草本沼泽湿地。河流下游进入广阔的松嫩平原地带，江道蜿蜒曲折，沙滩、沙洲、江道多呈网状，两岸滩地延展，滩地上广泛形成泡沼、牛轭湖。加之下游江段支流较多，河网密度较大，右岸有诺敏河、雅鲁河、绰尔河、洮儿河等大支流汇入嫩江，广大地区基本属于内陆闭流区，有大片沼泽、连环湖和湿地出现，下游发育成为大面积的沼泽湿地、湖泊湿地和河流湿地，也有部分人工湿地，水库鱼塘零星分布。

第二松花江流域的地势基本东南高西北低，为长条形的倾斜面。第二松花江上游完全穿行在长白山山脉，分布有森林沼泽；由丰满水库到饮马河汇入干流之间的这部分区域为丘陵岗地，坡度较为平缓。左岸是宽阔的丘陵平原，右岸为25.00～30.00m高的陡坎台地。第二松花江从松花江铁路桥开始进入平原地带，到扶余县境内变为大片的低洼平原，分布着牛轭湖、湿地以及移动沙丘。

松花江干流从嫩江和第二松花江汇合处到哈尔滨，位于松嫩平原地带，河道主槽一般宽400～600m，坡降较缓，河床滩地宽阔。与嫩江下游和第二松花江下游相连处有大量的牛轭湖和湿地。哈尔滨到牡丹江口河段穿行在小兴安岭南麓和张光才岭北麓之间，河面宽窄不一，地形多为高平原和丘陵山区。到佳木斯附近流域进入低平原区，地势低洼、河道宽阔，有大面积的低洼湿地分布。

松花江流域湿地分布见附图2（松花江流域湿地分布采用委托中科院东北地理与农业生态研究所解译的2015年土地利用数据）。按照湿地的成因，松花江流域内的湿地可以分为森林沼泽湿地、洪泛湿地、河口湿地和尾闾湿地。其中，洪泛湿地、河口湿地和尾闾湿地均位于平原内，是本书研究的重点。洪泛湿地包括嫩江沿岸的齐齐哈尔沿江湿地，第二松花江的扶余洪泛湿地，松花江干流的肇源沿江湿地、佳木斯沿江湿地等；河口湿地主要包括乌裕尔河入嫩江的扎龙湿地、洮儿河和二龙涛河入嫩江的莫莫格湿地、呼兰河入松花江干流的呼兰河口湿地等；尾间湿地主要指的是霍林河下游的吉林省西部地区的湿地。松花江流域主要湿地情况见表1.2-4。

表1.2-4　松花江流域主要湿地情况

编号	湿地名称	位 置	补 水 水 源	主要湿地类型
1	扎龙湿地	黑龙江省齐齐哈尔市乌裕尔河尾间	主要依靠乌裕尔河及大气降水	发育于乌裕尔河尾间区低河漫滩和泡沼
2	嫩江源头区湿地	嫩江、松花江的北源	主要依靠地表水及大气降水补给	由9条江河流域的森林沼泽、湖泊、河流等组成，现已建有南翁河国家级自然保护区等8个自然保护区
3	龙江哈拉海湿地	黑龙江省龙江县西北部	主要依靠大气降水和地表径流补给（龙江县西部山区的10余条小河和甘南县四方山、音河水库）	发育于平原区河湖沼泽冲积地上，是芦苇泽泡型湿地，为中国境内唯一有湖泊的原始湿地
4	汤旺河湿地	汤旺河流域	汤旺河河水，地下水和降水补给	汤旺河流域沼泽及洪泛湿地
5	乌裕尔河沼泽	黑龙江省齐齐哈尔市及富裕、林甸、泰康、泰来县境内	除大气降水外，主要是河水泛滥	乌裕尔河流域沼泽湿地
6	拉林河口湿地	哈尔滨市西南部沿松花江和拉林河流域的平原地带、河流谷地及河漫滩上	由途经保护区的松花江和拉林河及大气降水等补给水源	拉林河口冲积及洪泛湿地
7	哈东沿江湿地	哈尔滨市道外区东北部	主要依靠松花江干流及大气降水等补给	松花江洪泛湿地
8	肇东湿地	西八里、四站、涝洲、东发4个乡镇境内的松花江北岸	主要依靠松花江干流及大气降水等补给	松花江洪泛湿地
9	肇源湿地	肇源县西北部嫩江、松花江干流河道与左岸堤防间的河滩地上	主语依靠嫩江、松花江干流及大气降水补给	松花江洪泛湿地
10	富锦沿江湿地	富锦市北部松花江下游南岸	松花江干流河水，地下水和降水补给	松花江洪泛湿地、河流泡沼与草甸
11	科洛河湿地	科洛河流域	科洛河河水、地下水和降水补给	科洛河流域洪泛湿地
12	嘟噜河沼泽	黑龙江省萝北县嘟噜河下游地区	大气降水、地下水和嘟噜河河水	嘟噜河下游河漫滩发育沼泽湿地
13	梧桐河沼泽湿地	黑龙江省萝北县宝泉岭西北	地表水、大气降水和河水补给	梧桐河下游河漫滩发育沼泽湿地

续表

编号	湿地名称	位　置	补 水 水 源	主要湿地类型
14	龙江七棵树沼泽	黑龙江省龙江县七棵树	大气降水和地表径流补给	低洼地及泡沼周围发育的沼泽湿地
15	泰来西南沼泽	黑龙江省泰来县西南	大气降水和地表径流	发育于低洼湿地上地草本沼泽
16	大庆水库沼泽	黑龙江省大庆市大庆水库	大气降水和水库水	发育于大庆水库边缘及其附近的低洼泡沼地
17	兴隆泉沼泽	黑龙江省大庆市兴隆泉镇西南	大气降水和地表径流	发育于松嫩平原闭流洼地及泡沼周围的草本沼泽
18	安达北沼泽	吉林省安达市北	大气降水和地表径流	发育于松嫩平原低洼地及泡沼周围的草本沼泽
19	昌德镇沼泽	吉林省安达市昌德镇西	大气降水和地表径流补给	发育于湖泡周边的草本沼泽
20	向海湿地	吉林省通榆县向海乡	主要依靠霍林河、额木太河、洮儿河等河流和大气降水补给	位于霍林河下游，是由众多泡沼构成的洪泛性沼泽湿地
21	莫莫格湿地	吉林省镇赉县莫莫格乡	由嫩江和洮儿河河水、地表水和大气降水补给	位于嫩江、洮儿河洪泛区的洪泛性沼泽湿地
22	龙沼沼泽湿地	吉林省大安市西南部	由湖水、大气降水和地表径流补给	松嫩平原中部湖滨浅滩和低洼地上发育的草本沼泽
23	长白山熔岩台地沼泽区	吉林省安图、抚松、长白境内	主要依靠地下水补给，夏季主要靠大气降水补给	主要为长白山熔岩台地上零星分布的森林沼泽、草本沼泽等
24	大布苏保护区湿地	吉林省大布苏东北、西北湖滨	附近无常年性地表河流注入，主要依靠大气降水和地下水（泉水）补给	主要为大布苏东北、西北湖滨湿地
25	查干湖湿地	吉林省前郭尔罗斯蒙古族自治县查干湖西部湖滨	主要由嫩江与霍林河及大气降水补给	查干湖西部湖滨发育的草本沼泽湿地
26	太平川湿地	吉林省长岭县太平川镇	由地表径流、地下水或大气降水补给	主要为发育于松辽分水岭台地平原低洼地和湖滨洼地中的草本沼泽湿地
27	小城子湿地	吉林省舒兰市小城镇	水源由拉林河支流呼兰河、溪浪河、卡岔河河水及大气降水和新安水库水补给	主要为拉林河支流的高漫滩上草本沼泽湿地
28	新站湿地	吉林省蛟河县新站镇	由拉法河（松花江水系）及其支流的河水及大气降水补给	主要为发育于河漫滩上的草本沼泽湿地

续表

编号	湿地名称	位 置	补 水 水 源	主要湿地类型
29	大山嘴子湿地	吉林省敦化市雁鸣湖镇	由牡丹江支流河水及大气降水补给	发育于牡丹江支流河谷平原或河漫滩上的草本沼泽
30	大石头镇湿地	吉林省敦化市大石头镇	由大气降水、沟边裂隙水、地表径流和牡丹江支流沙河河水补给	发育于牡丹江上游沟谷中的草本沼泽
31	黄泥河湿地	吉林省敦化市黄泥河镇	由牡丹江支流黄泥河河水及大气降水补给	发育于黄泥河沟谷和坳沟中的草本沼泽
32	寒葱沟湿地	吉林省敦化市寒葱沟	依靠牡丹江河水及大气降水补给	发育于牡丹江上游源头区，寒葱沟是一山间谷地，地势低洼平坦，由于排水困难，地面常年积水，形成湿生环境
33	三道湖湿地	吉林省靖宇县三道湖镇	由松花江支流头道江河水及大气降水补给	沼泽常发育于第二松花江上游支流沟谷中、熔岩台地上的低洼地或河滩及湖群洼地上，是联合而成为沼泽复合体

1.2.3.2 重要湿地及保护区

松花江流域水系发达，湖泊泡沼、沼泽湿地众多，湿地资源十分丰富，主要分布在嫩江、松花江干流中下游地区。典型的有向海湿地、莫莫格湿地、大布苏湖、查干湖等独特的内陆盐沼湿地，以及扎龙湿地、莫莫格湿地、月亮泡水库等淡水沼泽湿地。其中，扎龙湿地和向海湿地已被列入国际重要湿地名录。松花江流域主要湿地保护区分布见附图3。

1. 扎龙湿地

扎龙国家级自然保护区位于松嫩平原左岸乌裕尔河和双阳河下游湖泊、沼泽和苇草湿地区，地理坐标为东经123°51′30″～124°37′30″，北纬46°48′0″～47°31′30″。保护区行政区划涉及齐齐哈尔市铁锋和昂昂溪两区、富裕县、泰来县和大庆市的林甸县、杜尔伯特蒙古族自治县，总面积2100km^2。其中西北部为齐齐哈尔市铁锋、昂昂溪两区，面积570km^2；西南角和西北角为泰来县和富裕县，面积分别为160km^{2}和170km^2；南部为杜尔伯特蒙古族自治县的连环湖地区，面积700km^2；东部属于林甸县部分地区，面积500km^2。

扎龙自然保护区始建于1979年，1987年经国务院批准晋升为国家级自然保护区，1992年被列入《国际重要湿地名录》，是我国现存最大的以鹤类等大型水禽为主体的珍稀鸟类和湿地生态类的国家级自然保护区。

核心区位于301国道以南、滨州铁路以北、保护区管理局址以东、林甸育苇场以西的范围内，面积700km^2，占保护区总面积的33.33%。该区位于保护区腹地，是扎龙湿地中生态系统保持最完整、珍稀濒危野生动植物分布最集中、数量最多、人为活动最少的地域。

核心区生境状况属保存完好的典型湿地。80%以上为芦苇沼泽，有几处岗岛常年露出水面，交通封闭，没有长年性公路进入，船道浅而狭窄，只容人工撑船通过，人为干扰少，为水鸟提供了天然隐蔽条件，是鹤类等珍稀水鸟最集中的营巢区。

缓冲区位于核心区的外围，面积 670km^2，占保护区总面积的 31.91%。

缓冲区内植被同核心区基本相同，保存着较完好的湿地生态系统，分布并栖息着众多的珍稀濒危野生动物，但居民点和居民数量相对于核心区较多，人为生产活动的强度相对于核心区较大。

缓冲区靠近核心区及其他地域分布着斑块状的芦苇沼泽、苔草沼泽和湖泡，生态环境具有一定的典型性，也是鸟类等动物的栖息地及部分鹤类的巢区。区内地势高的地方分布着一些自然村屯，形成了沼泽湖泡、村屯交织错落的生态环境。缓冲区内生产活动较多，有铁路、公路干线及大型水利工程穿过，人类开发活动呈增长趋势。

实验区位于缓冲区的外围至保护区边界，面积 730km^2，占保护区总面积的 34.76%。本区生境现状与缓冲区基本相同，目前有限开放生态旅游。

保护区边界以内，缓冲区界限以外的区域划为实验区。范围包括现有的鹤类驯化繁育中心、观鹤观鸟游览场所、湖泡渔场和苇草经营场所，以及目前耕种的农田。另外，滨州铁路沿线宽 160.0m、长 11.6km，301 国道沿线宽 100.0m、长 18.0km 的地域亦为实验区。该区域内除保存有较为完好的原生性植被外，还有众多的沼泽、湖泡、草甸等，由于生境多样，野生动植物资源也相当丰富。实验区的主要任务是探索扎龙自然保护区可持续发展的有效途径，在不破坏原生性植被和有效保护区内珍稀动植物资源的前提下，对自然资源进行适度利用，开展湿地生态旅游和渔业、苇草生产经营活动，并可适度建设和安排生产、生活和管理项目设施。

2. 向海湿地

向海自然保护区位于吉林省西部，地处东经 122°5′～122°35′，北纬 44°50′～45°19′之间。向海自然保护区的北部为吉林省的洮南市，东部为通榆县城，西部为内蒙古的科尔沁右翼中旗。保护区于 1981 年成立，在 1986 年经国务院批准为国家级自然保护区。1992 年，中国加入了《国际重要湿地公约》后，向海自然保护区即被列入《国际重要湿地名录》，成为中国首批列入国际重要湿地名录的七大国际重要湿地之一。

保护区根据保护对象的时空分布特点以及区内和区外相关区位经济需求，对向海自然保护区划定了核心区、缓冲区和实验区。核心区是受保护的特殊稀有物种的主要栖息地和生境，具有代表性的自然生态系统地段。向海湿地的稀有物种包括丹顶鹤、东方白鹳、大鸨和黄榆等。向海自然保护区核心区总面积为311.9km²，占整个保护区总面积的29.60%，由4个核心区域组成：包括鹤类核心区、东方白鹳核心区、大鸨核心区以及黄榆核心区。其中鹤类核心区的面积为189.2km²，为最大的核心区，大鸨核心区次之，为63.27km²，东方白鹳核心区和黄榆核心区的面积分别为34.47km²和24.96km²。缓冲区分布在核心区外围，旨在防止和减少核心区受到外界的影响和干扰。向海湿地缓冲区的总面积为111.44km²，占保护区面积的10.60%。保护区边界以内、缓冲区界限以外的地带划为实验区。实验区内主要为农田、草原和芦苇沼泽等，面积为631.33km²，占保护区总面积的59.80%。

3. 莫莫格湿地

莫莫格保护区位于吉林省镇赉县境内，东与黑龙江省杜尔伯特、泰来、肇源县隔嫩江相望；南以洮儿河为界，与吉林省大安市相邻；西北和本县的丹岱、五棵树、哈吐气、东屏、黑鱼泡等乡镇的部分地域接壤。其地理坐标为北纬45°42′25″～46°18′0″，东经123°27′0″～124°4′33″，保护区面积14.4万hm²。保护区内的生物资源极为丰富，由于莫莫格保护区具有物种珍稀濒危性、生物多样性、物种代表性、生境原始的重要性等多种显著特征，引起了国际、国内各类保护组织的关注。1997年12月国务院批准为国家级自然保护区。2013年10月，莫莫格自然保护区被列入《国际重要湿地名录》。

保护区总面积14.4万hm²，其中核心区面积5.234万hm²，占保护区总面积的36.30%。核心区划分为嫩江-洮儿河沿岸、西北部碱草甸两个区域。嫩江-洮儿河沿岸草本沼泽与东方白鹳、丹顶鹤保护核心区位于保护区东南部嫩江、洮儿河沿岸，是本区草本沼泽及鹤鹳类珍稀水禽主要分布区。该区面积42745hm²，占核心区面积的81.70%。哈拉塔碱草甸白鹤保护核心区位于保护区西北部，区域面积9595hm²，占核心区面积的18.20%。以碱草甸湿地与白鹤的保护为主。

缓冲区面积54805hm²，占保护区总面积38.10%。该区景观类型多样，草本沼泽、碱草甸、人工林、农田、村屯交错分布，但以芦苇沼泽为主。该处是鹤鹳类的游荡区，偶见角鸊、大天鹅等珍禽分布，是雁鸭、鸥类水鸟的繁殖地与迁经地。该区内主要生产活动为农耕、放牧与捕鱼。

实验区面积36855hm²，占保护区总面积25.30%。区内地势较高，沙丘、漫岗遍布其间，人工植被包括人工林、农耕地均有相当的比例。除有少量的雁鸭类、鸥类等小型水鸟在该区分布外，主要是人工林、农田、草地及村屯鸟类在该区迁徙或繁殖。

4. 查干湖湿地

查干湖自然保护区地处东经124°3′28″～124°30′59″，北纬45°5′42″～45°25′50″。

位于吉林省西部地区，霍林河末端与嫩江的交汇处，其东临嫩江及第二松花江，南为前郭灌区（第二松花江河谷冲积平原）及第二松花江与霍林河的平原分水岭，西为霍林河河谷平原，北为大安台地及嫩江古河道。保护区行政范围跨越吉林省松原市的前郭尔罗斯蒙古族自治县、乾安县及白城市的大安市。

查干湖湿地是由湖泊、沼泽、沼泽化草甸等不同生态系统复合而成的，以浅水型湖泊为核心的典型湿地生态系统。查干湖是吉林省最大的天然湖泊、国家自然保护区、国家水利风景区、国家级AAAA级旅游景区，属于典型的苏打盐碱型平原浅水湖泊。1986年8月2日，吉林省人民政府批准建立吉林省查干湖自然保护区，列为省级自然保护区。2007年4月6日，国务院正式批准查干湖自然保护区为国家级自然保护区，主要保护对象为半干旱地区湖泊水生生态系统、湿地生态系统和野生珍稀、濒危鸟类。

查干湖保护区划分为核心区、缓冲区和实验区3个功能区。核心区是自然保护区内保存最完好的自然生态系统以及濒危、珍稀物种的集中分布地。查干湖自然保护区共设置3个核心区，核心区总面积为302.85km^2，占保护区总面积的31.00%。辛甸核心区位于保护区的西北部，其北部是一处典型的水域-苇塘生态系统，是保护区鸟类重要的栖息繁殖地和鱼类的产卵场所；南部由浅水域、高草丛沼泽、草甸化沼泽及盐化草甸所组成，是半干旱地区典型的湖滨湿地类型。该核心区是水禽、涉禽最重要的活动场所，是保护区珍稀、濒危鸟类主要的栖息地。高家湿地核心区位于保护区东部的新庙泡南岸，是一处沿湖岸带状分布的芦苇沼泽型湿地，也是保护区内鸟类的重要栖息地和鱼类的产卵场所。虽然该核心区周边人类活动较多，但对查干湖水质和鸟类栖息具有重要的意义。庙东湿地核心区位于保护区东部的新庙泡东北岸，是一处沿湖岸分布的芦苇沼泽型湿地，也是保护区内鸟类的重要栖息地和鱼类的产卵场所。

根据核心区的分布和周边状况，保护区共设置了3个缓冲区，缓冲区总面积为377.19km^2，占保护区总面积的38.00%。

保护区内除核心区、缓冲区以外所有的区域为实验区，查干湖自然保护区实验区总面积为308.62km^2，占保护区总面积的31.00%。

1.3　自然环境概况

1.3.1　地形地貌

松花江流域西部为大兴安岭，北部为小兴安岭。大兴安岭东坡较陡，西坡平缓，东坡为嫩江干流及其右侧各支流的发源地；小兴安岭则为松花江干流与黑龙江的分水岭，山地西侧平缓，东侧起伏较大。流域东部和东南部为完达山脉和长白山脉，长白山主峰白云峰海拔2691.00m，是流域内最高点。东部山地的地形由东向西、由南向北逐渐变缓。长白山主峰西侧和北侧是第二松花江和牡丹江的发源地，东侧是鸭绿江和图们江水系。流域西南部丘陵地带是松花江、辽河两个流域的分水岭，整个地形向东北方向倾斜。流域中部为松嫩平原，是本流域的主要农业地区。在嫩江下游两岸、第二松花江下游右岸和松花江干流下游，还有大片湿地和闭流区。流域内山区面积为23.8万km^2，占流域面积的42.7%；丘陵面积为16.2万km^2，占流域面积的29.1%；平原面积为15.2万km^2，占流域面积的27.4%；其他面积占流域面积的0.8%。

嫩江发源于大兴安岭的伊勒呼里山，海拔高1030.00m，由北向南流，全长1370km。嫩江流域右岸主要支流有甘河、诺敏河、阿伦河、雅鲁河、绰尔河、洮儿河、霍林河等，大多发源于大兴安岭；嫩江左岸支流较少，主要有讷谟尔河、乌裕尔河等，多为内陆无尾河，但丰水年也能向嫩江汇水。嫩江在嫩江县以上属山区，属多森林地段，植被覆盖条件优越，是我国著名的大兴安岭林区；从嫩江县向下到内蒙古自治区莫力达瓦达翰尔族自治旗，地形逐渐由山区过渡到丘陵地带。进入平原后，嫩江河道坡降骤然降低，下切能力很小，因此河道极其弯曲，在富裕县城附近至嫩江下游，曲流带宽达7km，弯曲系数达1.5。松嫩平原区内还有大片无河网的内流区域，地势低平，河网稀疏，河曲发育，排水不畅，河水泛滥，湿地发育广泛。建国初，嫩江下游嫩江与松花江汇合处以北的大安、肇州、大庆、泰康之间，东西50～60km，南北170～180km内均为湿地。乌裕尔河、讷谟尔河、雅鲁河的下游、霍林河、洮儿河也分布着大面积湿地和湿草地，总面积约2.02万km^2，各类湖泡总面积0.313万km^2，这些湿地的蓄水容量相当可观。以三江平原1.92万km^2湿地储水35亿m^3计算，本区湿地可储水36亿m^3。区内湖泡总面积3133.46km^2，平水期蓄水47亿m^3，蓄水总量可达83.6亿m^3，相当于嫩江流域年径流量的39.4%。如果加上丰水期蓄水量，对减缓洪水向下游推进的速度，降低流量，削减洪峰，起到举足轻重的作用，可大大缓解下游中心城市防洪抢险压力。

第二松花江发源于长白山天池，自东南向西北流，主要支流有辉发河、饮马河。第二松花江长约958km，流域地形东南高、西北低，呈长条形倾斜面。东南部是高山区和半山区，植被良好，森林覆盖率高，水源涵养较好，是我国著名的长白山林区。

第二松花江与嫩江汇合后，即为松花江干流。松花江干流长为939km，其上游部分，即三岔河口至哈尔滨市段，是松嫩平原的组成部分，也是防洪的重点区段。由哈尔滨市到佳木斯市的区段，江道两岸丘陵与河谷平原相间。从佳木斯市开始进入广阔平原区，即三江平原的组成部分。松花江干流中下游河道比较平缓，平水期河槽不宽，而在夏季洪水期江面宽、容蓄作用大，水流平缓，兼有湖洼特点。松花江流域各支流地形地貌见表1.3-1。

表 1.3-1　　　　　　　　松花江流域各支流地形地貌

河流水系	主要支流	地形地貌
嫩江	甘河	大部分处于山地之中
	讷谟尔河	山区半山区性长流河，流域地形多变，河道复杂
	诺敏河	松嫩平原诺敏河河套湿地
	阿伦河	地貌呈中低山-丘陵漫岗地形。地势由西北向东南呈阶梯式下降
	音河	阿荣旗全境地貌呈中低山-丘陵漫岗地形。甘南县林场地形以平原地貌为主
	雅鲁河	地势西北高、东南低，西部属龙江县西部低山区，东部为丘陵漫岗区
	绰尔河	成吉思汗边堡以上，河谷深窄，河床多由砂砾组成，两岸支流很多，分布均匀，为典型对称河流，合流处多成扇形冲积地。成吉思汗边堡以下，河流进入低山丘陵区，河谷平坦开阔。在音德尔至河口段，曲流发育，水道多乱流，地形平坦，沼泽湿地广布
	乌裕尔河、双阳河	乌裕尔河：自源地至依安为山丘区，河流在依安以下进入广阔的平原区，乌裕尔河下游至尾部（滨州铁路以北）为浩瀚的九道沟苇塘，无明显的河道，地势低平； 双阳河：平原
	洮儿河	中上游流经内蒙古自治区的山区，镇西以下进入平原，下游段沙丘与沙岗，低洼地和沼泽地广泛分布
	霍林河	处于东北亚晚中生代的断陷带，地势四周高中间低，地形分为丘陵山地、堆积台地和冲积平原
第二松花江	辉发河	地处长白山西麓，吉东低山丘陵区，海龙盆地北部
	伊通河	—
	饮马河（不含伊通河）	东部为山地和松辽平原的过渡带，南部为连绵的低山丘陵，西北部为松辽平原，中部为平原，地势呈东南高西北低
松花江干流	阿什河	—
	呼兰河	西南流向，与来自北面的通肯河交汇后，改向南流，进入平原区，河道变宽，曲流发育，至呼兰县入松花江
	拉林河	干流在溪浪河口以上为上游，属于山区
	蚂蚁河	—
	倭肯河	桃山以上为山地丘陵流至勃利县倭肯镇以后进入开阔的平原区
	汤旺河	干流大部分穿行于峡谷之间
	梧桐河	西北部为小兴安岭低山丘陵；东南部为三江冲积平原
	牡丹江	地形以山地、丘陵为主，呈现出中山、低山、丘陵、河谷盆地四种地质形态

1.3.2 气候概况

松辽流域处于北纬高空盛行西风带，具有较多的西风带天气和气候特色，东北地区有明显的大陆性气候特点，为温带大陆性季风气候区。冬季严寒漫长，夏季温湿而多雨，春季干燥多风，秋季很短，年内温差较大。年平均气温一般为－1～5℃。年平均气温的特点是以南北梯度变化向北递减为主，在东经125°每向北1000km大约降低1.2℃。东经125°以东气温变化的梯度比较小，以西梯度比较大。嫩江、伊春和铁力一带为－1～2℃，而长春、德惠一带为4～6℃。

冬季的月平均气温为－16～－12℃，气温最低的在嫩江和伊春一带，平均气温为－21～－19℃；气温较高的地区在长春一带。秋季的月平均气温为－8～10℃，最高气温出现在松原一带，为11℃左右；最低气温出现在嫩江一带，为5～7℃。春季的月平均气温为4～6℃，最低气温出现在伊春和嫩江一带，为2～4.5℃；最高气温则出现在长春一带，为5～7℃。夏季大部分地区的季平均气温在20℃以上，最热的是7月，北部地区大部分接近20℃，南部地区达到22～23℃。

河流封冻是北方河流特有的现象。一般来说河流封冻时期与地面结冰时期相比，往往要落后，例如，哈尔滨附近地面9月中旬就开始结冰，而松花江要在11月底才封冻。地面气温在零度便开始结冰，但河流水温必须在零度以下才封冻。在松花江哈尔滨附近，11月上旬见流冰，11月下旬开始封冻，至4月中旬解冻，封冻期长达5个月。

松花江流域多年平均年降水量525mm。其中，第二松花江降水量较大，为681mm；嫩江地区较小，为440mm；松花江干流居中，为588mm。年降水量最大值在第二松花江发源地长白山天池附近，为800～1300mm；嫩江下游的洮儿河、霍林河流域年降水量为400mm左右，是流域年降水量的低值区。总的趋势是山丘区大，平原区小；南部、中部稍大，东部次之，西部、北部最小。汛期6—9月的降水量占全年的60%～80%，冬季12月至翌年2月的降水量仅为全年的5%左右。

1.3.3 水资源量

1. 地表水资源量

松花江流域1956—2000年多年平均地表水资源量为817.70亿m^3，其中嫩江293.86亿m^3，第二松花江164.16亿m^3，松花江干流359.68亿m^3。松花江流域地表水资源量年际变化较大，最大年与最小年地表水资源量比值，西部地区在10～20倍之间，第二松花江和松花江干流地区在5倍左右。地表水资源量年内分配也极不均衡，汛期6—9月地表水资源量约占全年的60%～80%，其中

7—8月占全年的50%～60%。

2. 地下水资源量

流域多年平均地下水资源量为323.88亿m^3，其中，嫩江为137.32亿m^3，第二松花江为50.74亿m^3，松花江干流为135.82亿m^3。

3. 水资源总量

流域多年平均水资源总量960.88亿m^3，其中，地表水资源量817.70亿m^3，地表与地下水资源不重复量143.18亿m^3。人均水资源量1795m^3，耕地亩均水资源量461m^3。松花江流域水资源量见表1.3-2。

表1.3-2　　松花江流域水资源量　　单位：亿m^3

分　区	地表水资源量	地下水资源量	重复量	水资源总量
嫩江	293.86	137.32	73.89	367.75
第二松花江	164.16	50.74	17.38	181.54
松花江干流	359.68	135.82	51.91	411.59
合　计	817.70	323.88	143.18	960.88

1.3.4 洪水

松花江流域的洪水主要由暴雨产生。整个流域由局部地区一次暴雨产生大洪水的年份很少，大部分是地区性的洪水汇合而成。80%以上的洪水发生在7—9月。洪水主要来自嫩江和第二松花江的上游山区，嫩江、松花江干流洪水一般为单峰型洪水，洪水过程比较平缓。第二松花江暴雨出现频繁，年内可能出现2～3次洪峰，个别年份可能出现4～5次洪峰。松花江流域一次洪水历时较长，较大支流一般为20～30d，第二松花江和嫩江为40～60d，松花江干流可达90d左右。

嫩江大洪水主要有1794年、1886年、1908年、1929年、1932年、1953年、1955年、1956年、1957年、1969年、1988年和1998年洪水。1998年洪水是以嫩江右侧支流来水为主的嫩江及松花江干流特大洪水，在嫩江江桥、大赉站为首位大洪水。在嫩江江桥站洪峰流量为26400m^3/s，相当于500年一遇；决口洪水还原后嫩江大赉水文站的洪峰流量达22100m^3/s，相当于400年一遇。第二松花江大洪水主要有1856年、1896年、1909年、1918年、1923年、1945年、1953年、1956年、1957年、1960年和1995年洪水。1995年洪水为第二松花江流域在新中国成立后最大的一次洪水，扶余站洪峰流量为9570m^3/s。松花江干流大洪水主要有1932年、1957年、1960年、1991年和1998年洪水。其中，1998年洪水在松花江干流哈尔滨站洪峰流量为23500m^3/s，相当于300年一遇。主要站设计洪峰流量成果见表1.3-3。

表 1.3-3　　主要站设计洪峰流量成果表

河流名称	站名	设计洪峰流量/(m^3/s)			
		P=0.5%	P=1%	P=2%	P=5%
嫩江	大赉	20000	17100	14300	10600
第二松花江	扶 余	13400	11900	10400	8400
松花江干流	哈尔滨	22000	19200	16300	12600
	佳木斯	27500	24500	21500	17500

1.3.5 主要自然灾害

流域内洪涝、干旱灾害严重。春季风大雨少、蒸发量大，常发生春旱；夏秋季雨量集中，常发生洪涝灾害。低平原易涝，高平原易旱。水灾造成的损失大于旱灾，但受灾面积小于旱灾。由于涝灾常与洪灾相伴而生，所以常把洪涝灾害称为水灾，其损失占水旱灾害总损失的70%。在洪水灾害中，以暴雨洪水灾害最为频繁，造成的损失也最大。在1990年后发生的洪灾中以1995年、1998年和2013年最为严重，其中，1998年发生在嫩江、松花江的洪灾是新中国成立以来流域内发生的最为严重的一场洪灾，造成直接经济损失达480亿元，灾区主要位于黑龙江、吉林两省的西部及内蒙古自治区的东部，受灾县、市88个，受灾人口1733万人。

1.3.6 土壤

松花江流域和三江平原及松花江河谷地带一般为第四纪地层。由于是在中、新生代凹陷盆地基础上发育起来的，加上受构造运动的影响，第四纪地层的厚度差别很大。在低山丘陵区和山区的河谷地方，分布有厚度不大的坡积层和冲积层。

土壤的分布状况主要有以下几类。

1. 黑钙土

黑钙土主要分布在大兴安岭的中南段山地东西两侧，流域平原的中部和松花江、辽河的分水岭地区。植被为产草量最高的温带草原和草甸草原。腐殖质含量最为丰富，腐殖质层厚度大，土壤颜色以黑色为主，呈中性至微碱性反应，钙、镁、钾、钠等无机养分也较多，土壤肥力高。

2. 栗钙土

栗钙土分布于内蒙古高原东部和中部的广大草原地区，是钙层土中分布最广、面积最大的土类。草场为典型的干草原，生长不如黑钙土区茂密。腐殖质积累程度比黑钙土弱些，但也相当丰富，厚度较大，土壤颜色为栗色。土层呈弱碱性反应，局部地区有碱化现象。土壤质地以细砂和粉砂为主，区内沙化现象较严重。

3. 暗棕壤

暗棕壤森林土分布于大兴安岭东坡、小兴安岭、张广才岭和长白山等地，是温带针阔叶混交林下形成的土壤。土壤呈酸性，与棕壤相比，表层土壤有机质丰富，腐殖质积累较多，是比较肥沃的森林土壤。

4. 寒棕壤

寒棕壤（漂灰土）分布于大兴安岭北段山地的上部，北面宽南面窄，植被为亚寒带针叶林。土壤酸性大，土层薄，有机质分解慢，有效养分少。

5. 其他土类

草甸白浆土及草甸土主要分布在松花江干流棕色森林土、草甸土或沼泽土过渡的地形部位。盐渍土和沼泽土分布在松嫩平原和三江平原的低洼地。

1.3.7　植被

松花江流域内植被从上游到下游也呈梯状分布。上游有原始森林和天然次生林，森林覆盖率达70%以上，素有“长白林海”之称，是我国重点林区之一，森林资源居全国重要地位。中游森林覆盖率达40%左右，农田面积较大。而下游森林覆盖率低于10%，主要以人工营造的杨树为主，大多属于防风林和固沙林，主要植被以草本为主。

松花江流域野生植物资源极为丰富。花类：荷花、玫瑰、杜鹃、冰凌、百合、牵牛、蒲公英、芦丽、兰花、黄花等；草类：小叶樟、卷毛红、三棱草、黄篙、白脸篙、乌拉草等；山果类：山葡萄、黑豆果、草莓、榛子、山梨、山丁子、山里红、圆枣、托盘、山杏和松籽等；树木类：桦树、杨树、榆树、柞树、色树、椴树、水曲柳、黄菠萝、胡桃楸、红松、云杉、冷杉等；山野菜类：元蘑、榛蘑、猴头菇、花脸蘑、黄蘑、木耳、黄花菜、藏菜、薇菜、刺嫩芽等；药材类：刺五加、人参、鹿茸、黄柏、五味子、平贝、细辛、百合、寄生、玉竹、紫胡、龙胆草、车前子等。

1.3.8　生态区域

在松花江流域，各自然因素如地貌、地质、土壤、气候、生物以及环境条件复杂，在人为因素等长期影响和干扰下，不断发生演变，逐渐形成了各具不同特征的五大生态区域，即两大山地、两大平原以及其间的过渡带——漫川漫岗区。

1. 小兴安岭山地温带湿润森林生态区

小兴安岭是从爱辉—孙吴—北安以北的襄河连线向东南延伸到松花江一带的山脉总称。该区生态功能特征属于寒温带森林生态区与温带湿润森林生态区。其气候冷凉湿润，森林覆盖率高，生长着大面积以红松为主的针阔混交林，是松花江流域最为重要的森林资源基地。然而多年来由于大量的采伐，导致林分质量下降，森林生态系统涵养水源、保持水土的功能减弱，林缘后退，森林覆盖率降低，区域自然生态系统受到较为严重的破坏，造成一定程度的水土流失，对松花江流域水质有一定影响。

2. 东南部山地温带湿润森林生态区

该区属于温带湿润森林生态区。其地貌类型复杂，以山地和丘陵为主，分别占总面积的30%和32%。土壤以暗棕壤、草甸土、白浆土为主。山区以林业为主，林地面积占75%。河谷平原以农业为主，耕地面积占16.5%。主体气候明显，农林交错，林木生长好，具有重要的保持水土、涵养水源的作用。近年来森林资源日趋危机，林分质量不断下降。地表起伏大，土壤抗侵蚀能力差，导致水土流失严重，并因此对松花江水质造成了不利影响。

3. 松嫩平原西部温带半干旱草原生态区

该区地处黑龙江省西部，地势平坦，平原内部有大片湿地和星罗棋布的泡沼。气候干旱，多风少雨，水资源极其贫乏，径流量占全省的3.2%。该区是黑龙江省的草原面积最大的地区，分布有地带性植被羊草。羊草草原是我国十大草原分布区之一。目前该地区草原退化面积不断扩大，优质草场的比重由过去的50%下降到13%，土壤盐碱化程度较重，风沙土及荒漠化现象在局部地区已经出现。由于地势低洼平坦，经常受到洪灾的影响，自然灾害发生率较高，自然生态系统较为脆弱，松花江流域水质受之影响较大。

4. 松嫩平原东部温带半湿润草甸与农业生态区

该区耕地资源丰富，是世界三大黑土带之一。植被多为草甸和天然次生林、人工林。这些植被对该区水土保持、涵养水源等具有重要作用。然而，近50年来，特别是近年来，该区农业发展迅速，由于不合理开发、利用土地资源，加之大量应用农用化学品，造成重要生态功能降低，水土流失日益严重，自然生态系统日益脆弱，是洪灾频繁发生的地区，对松花江流域水质影响较大。

1.4 经济社会概况

松花江流域范围内山岭重叠，满布原始森林，蓄积在大兴安岭、小兴安岭、长白山等山脉上的木材，总计10亿m^3，是中国面积最大的森林区。矿产蕴藏量极其丰富，除主要的煤外，还有金、铜、铁等。

松花江流域土地肥沃，盛产大豆、玉米、高粱、小麦。此外，亚麻、棉花、苹果和甜菜等亦品质优良。松花江也是中国东北地区的一个大淡水鱼场，每年供应的鲤、鲫、鳇、哲罗鱼等，达4000万kg以上。因此，松花江虽然是黑龙江的支流，但对东北地区的工农业生产、内河航运、人民生活等方面的经济和社会意义都超过了黑龙江和东北其他河流。

松花江流域是我国重工业基地，同时也是我国重要的农业、林业和畜牧业基地。重要城市有哈尔滨、长春、乌兰浩特、吉林、松原、白城、齐齐哈尔、牡丹江、佳木斯、大庆、双鸭山、伊春、七台河、鹤岗、绥化、加格达奇共16座。松辽流域属多民族聚居地区。流域内人口主要以汉族为主，少数民族有满族、蒙古族、回族、朝鲜族和锡伯族等43个民族。其中，赫哲族、鄂伦春族、达翰尔族、柯尔克孜族最为古朴独特；满族、朝鲜族、蒙古族、回族亦极有地方风韵。

截至2010年年底，松花江流域的人口总数为4618万，占全国总人口的4%。人口密度为83.8人/km^2，低于全国人口密度134.5人/km^2。其中嫩江流域的人口密度最低，为49人/km^2；第二松花江流域人口密度最大，为168.2人/km^2；松花江干流的人口密度为104人/km^2。形成了以哈尔滨市、长春市和吉林市为中心的松嫩平原人口密度带（附图4）。松花江流域GDP不高，从2000—2010年呈增长趋势。人均GDP第二松花江流域最多，其次嫩江流域，最少的是松花江干流。2010年GDP空间分布见附图5。

第 2 章　松花江流域河湖水系变化特征

2.1　河流变化分析

2.1.1　部分河流断流

河道断流的现象主要集中在松嫩平原的西南部地区，主要是吉林省的西部地区和黑龙江省的西部地区。松嫩平原西南部河流稀少、人口密度大、耕地面积多，人类活动对水资源的需求加大，致使水资源缺乏，河道出现断流现象。

二龙涛河是莫莫格湿地的水源之一。2005 年在二龙涛河上建设了图牧吉水库，该水库直接阻挡了二龙涛河水的下泄，二龙涛河图牧吉水库下游段断流，对莫莫格湿地的补给能力很小。二龙涛河断流导致图牧吉水库以下出现严重的盐碱化现象，莫莫格湿地因缺水而萎缩退化。因为莫莫格湿地是国际重要湿地，为了保护莫莫格湿地的生态安全，修建了莫莫格湿地补水工程，从嫩江引水进入莫莫格湿地。

额木特河是向海湿地的补给水源之一。1992 年和 2000 年分别建成了大青山水库和牤牛海水库，导致额木特河断流，无法补给向海湿地，向海湿地失去了一个重要的水源。再加上霍林河属于季节性河流，向海湿地处于严重缺水的状态。为了保护向海湿地，国家先后修建了引洮分洪入向和引霍入向等水利工程，才使得向海湿地得以维持。

双阳河是扎龙湿地的水源之一。20 世纪 90 年代双阳河水可以自由的流入扎龙湿地。双阳河水库建成后对双阳河造成截流，双阳河水库以下河段出现干涸、断流现象。扎龙湿地失去了一个重要水源。河道已经干涸，被耕地占用。再加上乌裕尔河上游大力开发灌区，乌裕尔河流入扎龙湿地的水量减少，扎龙湿地生态安全面临很大的威胁。扎龙湿地和莫莫格湿地一样属于国际重要湿地，为了维持扎龙湿地的功能，修建了北部引嫩、中部引嫩工程，借此为扎龙湿地供水。

霍林河历史上就是季节性河流，且吉林省段地势平坦开阔，河床不明显，只有在大洪水年份，水流继续漫散向东，入查干湖后汇入嫩江，一般年份水流到吉林省界内漫散消失。漫散的水流形成泡沼、湿地等。近年来，灌溉工程的大力发展，霍林河的水资源量严重短缺，致使进入吉林省段的水量减少，水流无法漫流进入泡沼湿地，导致下游依靠霍林河水生存的泡沼湿地萎缩退化。

2.1.2　人工沟渠修建

为了保护生态环境和工农业发展，修建了一些人工渠道，建立河流与湿地、湖泡之间的水力连通。所以，天然河流和人工渠道共同构成了河湖网络。松花江流域修建的人工渠道包括引嫩入白、北部引嫩、中部引嫩、哈达山引水引洮分洪入向、引霍入向等渠道。松花江流域还建有众多的灌区工程，大型灌区有 37 处，有查哈阳灌区、龙凤山灌区、向阳山灌区、白沙滩灌区等，这些灌区具有完备的灌排系统、取水排水沟渠等。

兴建的人工渠道不仅增加保障了灌溉和防洪，而且建立了河流与湖泡湿地之间的连通渠道，通过这些人工渠道，将嫩江、第二松花江等大江大河与莫莫格湿地、向海湿地、扎龙湿地、查干湖湿地等紧密联系起来，使得莫莫格湿地、向海湿地、扎龙湿地等著名湿地不会因为缺水而丧失其功能，对松花江流域的生态环境保护发挥了巨大的有利作用。

2.1.3　径流量变化

2.1.3.1　年际变化基本特征分析

径流量年内变化主要受降雨、地表覆被和湿地调节等因素的影响。根据松花江流域内嫩江的尼尔基、大赉断面，第二松花江的丰满水库、扶余断面，松花江干流的哈尔滨和佳木斯断面 6 个水文站的 1956—2014 年水文监测资料，分析历年径流量变化特征。同时，选择了 2 个二级支流的断面，分别是洮儿河的镇西断面，霍林河的白云胡硕断面。水文站点分布见图 2.1 - 1，各站点断面径流量变化见图 2.1 - 2～图 2.1 - 9，径流量变化特征见表 2.1 - 1。

表 2.1 - 1　　各断面径流量变化特征表

河流名称	断　面	径流量/亿 m^3			径流极值比
		平均	最大	最小	
嫩江	尼尔基	106.81	231.29	29.47	7.8
	大赉	208.40	621.10	47.92	13.0
第二松花江	丰满大坝	126.12	241.46	55.76	4.3
	扶余	148.45	299.68	55.00	5.4
松花江	哈尔滨	408.52	836.60	153.00	5.5
	佳木斯	631.29	1219.00	247.00	4.9
洮儿河	镇西	11.66	51.48	0.95	54.1
霍林河	白云胡硕	2.84	23.20	0.24	96.7

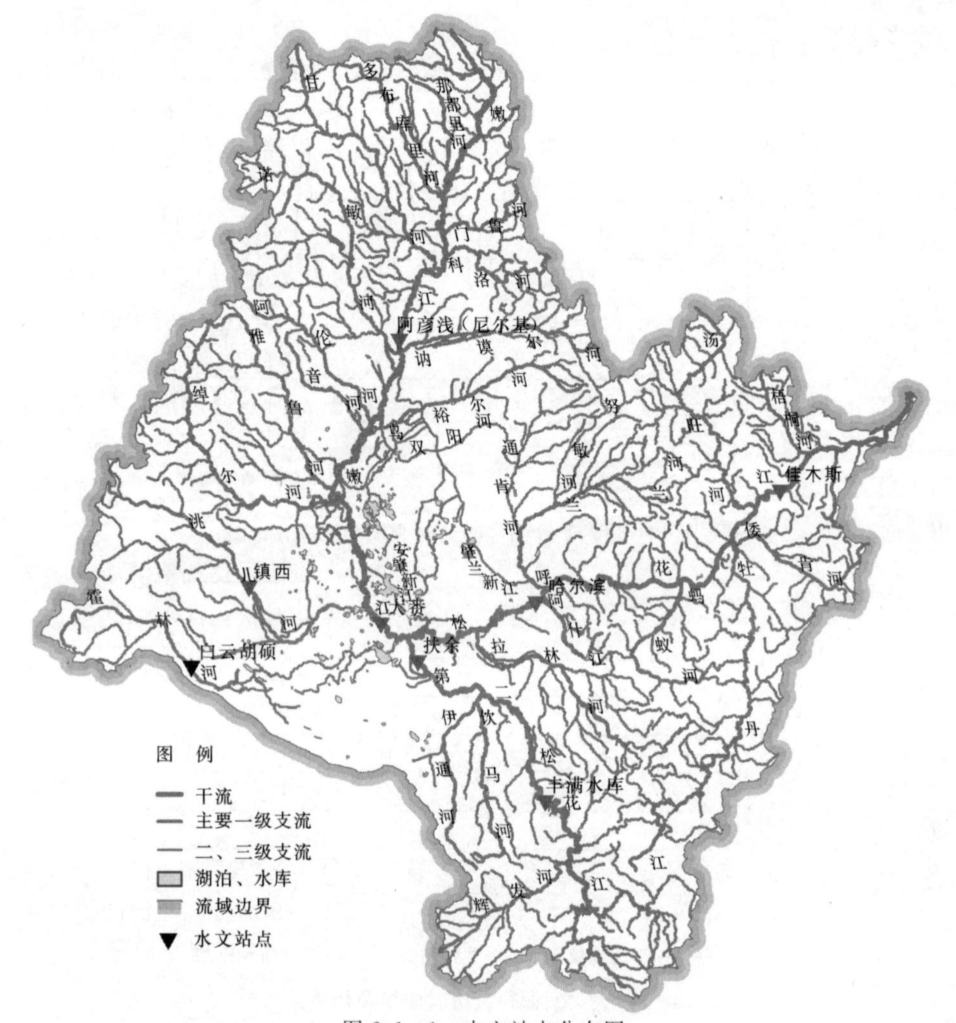

图 2.1-1　水文站点分布图

从松花江流域嫩江、第二松花江及松花江干流的6个主要水文控制站年平均径流量可以看出，径流量空间分布不均匀。松花江干流的哈尔滨和佳木斯站历年径流量值相对较大，其次是嫩江的大赉站，第二松花江的丰满大坝、扶余站径流量相对较小，尼尔基断面的径流量最小。从历年径流量变化可看出松花江流域各站点的径流量总体呈下降趋势。但是径流量年际变化也很大，径流极值的比值为4.3～13。还经常出现连续丰水年和连续枯水年的情况。

洮儿河流域和霍林河流域干旱少水。洮儿河的镇西断面和霍林河的白云胡硕断面年径流量很低，且径流量呈下降的趋势。镇西断面的历年平均径流量为11.66亿m^3，而白云胡硕只有2.84亿m^3。这两个断面径流极值比非常大，分别为54.1和96.7，年际分布极不均匀。除个别年份出现大水年外，其他时期枯水年较多。

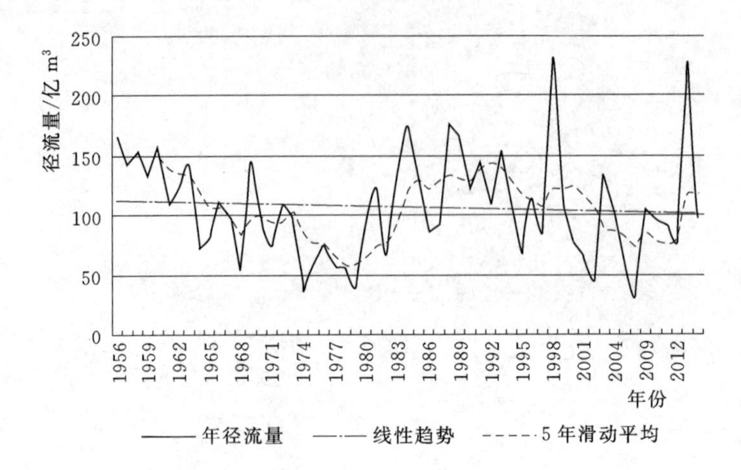

图 2.1-2　尼尔基断面径流历时曲线及趋势分析图

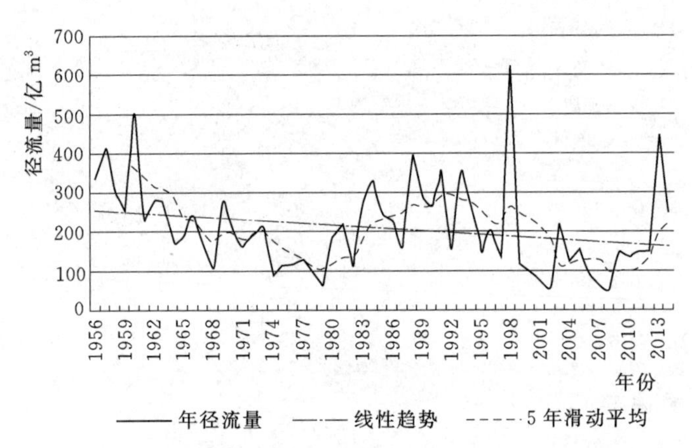

图 2.1-3　大赉断面径流历时曲线及趋势分析图

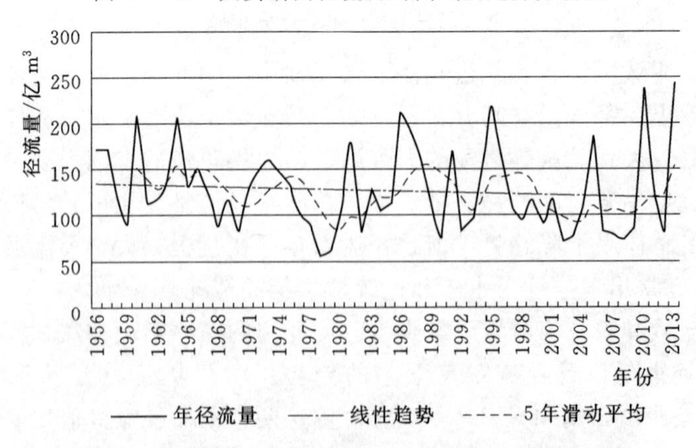

图 2.1-4　丰满水库断面径流历时曲线及趋势分析图

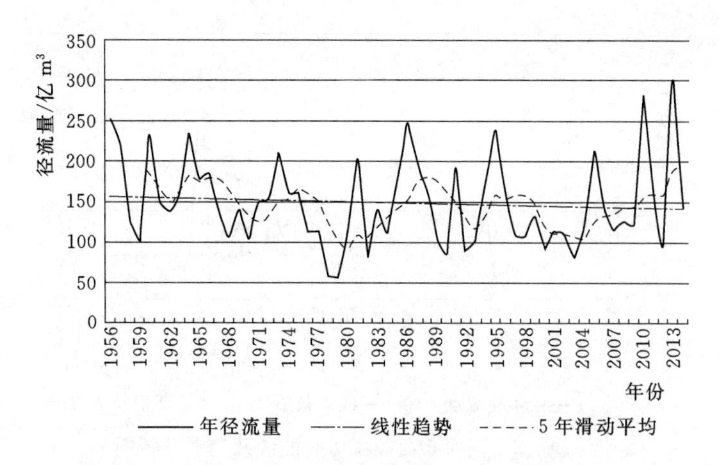

图 2.1-5　扶余断面径流历时曲线及趋势分析图

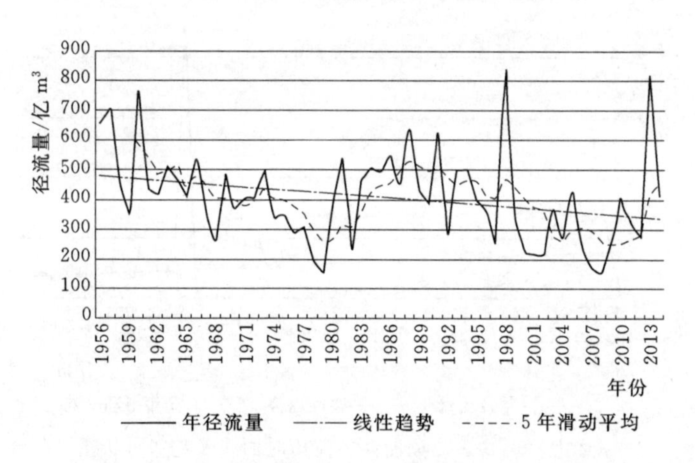

图 2.1-6　哈尔滨断面径流历时曲线及趋势分析图

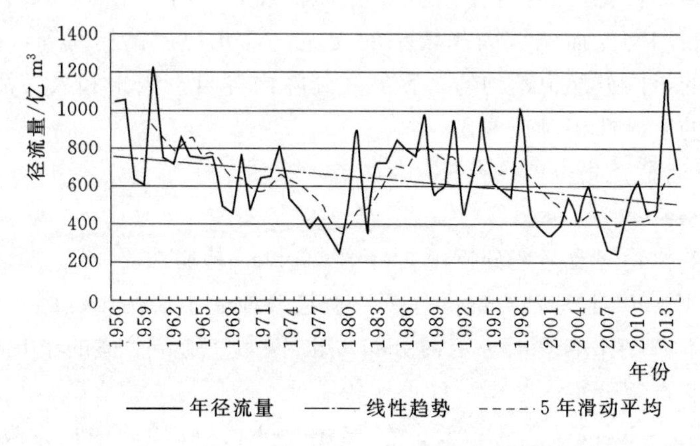

图 2.1-7　佳木斯断面径流历时曲线及趋势分析图

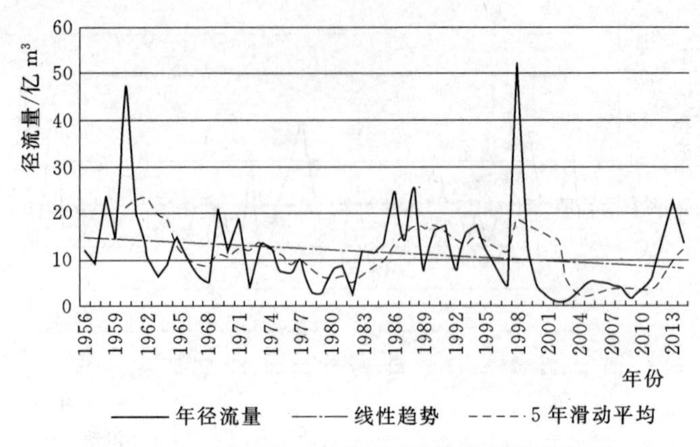

图 2.1-8　镇西断面径流历时曲线及趋势分析图

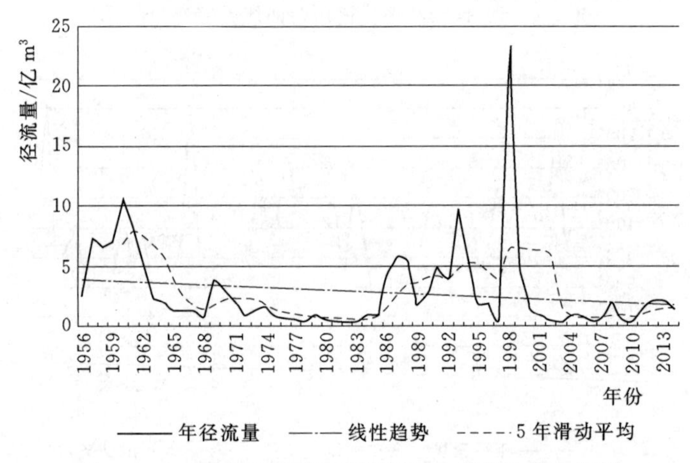

图 2.1-9　白云胡硕断面径流历时曲线及趋势分析图

嫩江、第二松花江和松花江干流汇流面积较大，调节能力较强，径流量的年内分配相对较均匀。而流域面积较小的支流，洮儿河、霍林河等，调节能力较差，径流量的年内分配很不均匀，容易受到降雨等自然因素和人类活动的影响，与干流之间的连通性相对较差。

2.1.3.2　径流量变化趋势及突变分析

1. 研究方法

径流量变化趋势及突变分析用 Mann - Kendal 检验法。

Mann - Kendal 检验法是时间序列数据趋势检验中使用广泛的非参数检验方法。该方法不需要样本遵从一定的分布，也不受少数异常值的干扰，适用于水文、气象等非正态分布的数据，计算比较简便。

（1）Mann - Kendal 趋势检验。在 Mann - Kendal 检验中，原假设 H_0 为时间序列数据（x_1，x_2，…，x_n），是 n 个独立的随机变量同分布的样本：备选假

设 H_1 是双边检验，对于所有的 i，$j \leqslant n$ 且 $i \neq j$，x_i 和 x_j 的分布是不相同的。定义检验统计量 S：

$$S = \sum_{i=2}^{n} \sum_{j=1}^{i-1} sign(X_i - X_j) \tag{2.1-1}$$

其中，$sign()$ 为符号函数。当 $X_i - X_j$ 小于、等于或大于零时，$sign(X_i - X_j)$ 分别为-1、0 或 1。S 为正态分布，其均值为 0，方差 $\mathrm{var}(S) = n(n-1)(2n+5)/18$。

Mann - kendal 统计量公式（2.1 - 1）中 S 大于、等于、小于零时分别为

$$\left.\begin{array}{ll} Z=\dfrac{S-1}{\sqrt{\dfrac{n(n-1)(2n+5)}{18}}} & (S>0) \\ Z=0 & (S=0) \\ Z=\dfrac{S+1}{\sqrt{\dfrac{n(n-1)(2n+5)}{18}}} & (S>0) \end{array}\right\} \tag{2.1-2}$$

在双边趋势检验中，对于给定的置信水平 α，若 $|Z| \geqslant Z_{1-\alpha/2}$，则原假设 H_0 是不可接受的，即在置信水平 α 上，时间序列数据存在明显的上升或下降趋势。Z 为正值表示增加趋势，负值表示减少趋势。Z 的绝对值在大于等于 1.28、1.64、2.32 时表示分别通过了置信度 90%、95%、99%显著性检验。

（2）非参数 Mann - Kendal 法突变检测。设时间序列为（x_1，x_2，…，x_n），S_k 表示第 i 个样本 $x_i > x_j (1 \leqslant j \leqslant i)$ 的累计数，定义统计量：

$$\left.\begin{array}{l} S_k = \sum\limits_{i=1}^{k} r_i \\ r_i = \begin{cases} 1(x_i > x_j) \\ 0(x_i \leqslant x_j) \end{cases} \end{array} \quad (j = 1,2,\cdots,i;k = 1,2,\cdots,n) \right\} \tag{2.1-3}$$

在时间序列独立的假定下，S_k 的均值个方差分别为

$$\left.\begin{array}{l} E[S_k]=\dfrac{k(k-1)}{4} \\ \mathrm{var}[S_k]=\dfrac{k(k-1)(2k+5)}{72} \end{array} \quad (1 \leqslant k \leqslant n) \right\} \tag{2.1-4}$$

将 S_k 标准化：

$$UF_k = \frac{S_k - E[S_k]}{\sqrt{\mathrm{var}[S_k]}} \tag{2.1-5}$$

其中 $UF_1 = 0$。给定显著性水平 α，若 $|UF_k| > U_\alpha$，则表明序列存在明显的趋势变化。所有 UF_k 可组成一条曲线。将此方法引用到反序列，将反序列（x_n，x_{n-1}，…，x_1）表示为（x_1'，x_2'，…，x_n'），$\bar{r}_i$ 表示第 i 个样本 x_i' 大于 x_j'（$i \leqslant j \leqslant n$）的累计数。

当 $i'=n+1-i$ 时，$\bar{r}_i=r'_i$，则反序列的 UB_k 由显示给出：

$$\left.\begin{array}{l} UB_k=-UK_k \\ i'=n+1-i \end{array} \quad (i,i'=1,2,\cdots,n)\right\} \tag{2.1-6}$$

其中：

$$UB_1=0$$

主要计算步骤如下：

1）计算顺序时间序列的秩序列 S_k，并按式（2.1-5）计算 UF_k。

2）计算逆序时间序列的之序列 S_k，也按式（2.1-6）计算 UB_k。

3）给定显著性水平，如 $\alpha=0.05$，那么临界值 $U_{0.05}=\pm1.96$，将 UF_k 和 UB_k 两个统计量序列曲线和 ±1.96 两条直线均绘制在同一张图上。

4）分析绘出 UF_k 和 UB_k 曲线图。若 UF_k 或 UB_k 值大于 0，则表明序列呈现上升趋势，小于 0 则表示呈下降趋势。当它们超过临界直线时，表明上升或下降趋势显著。超过临界线的范围确定为出现突变的时间区域。如果 UF_k 和 UB_k 两条曲线出现交点，且交点在临界线之间，那么交点对应的时刻便是突变开始的时间。

2. 各测站径流趋势及突变检验结果

（1）径流量变化趋势性分析。对尼尔基、大赉、丰满、扶余、哈尔滨、佳木斯、镇西和白云胡硕站点 1956—2014 年的年均径流量序列进行 Mann - Kendal 检验，分析结果见表 2.1-2。

表 2.1-2　　各测站径流趋势检验结果

站　点	Z_s 值	趋势	显著水平	显著性
尼尔基	−1.66	下降	0.05	显著
大赉	−2.64	下降	0.01	显著
丰满	−1.53	下降	0.10	显著
扶余	−0.94	下降	0.10	不显著
哈尔滨	−2.69	下降	0.01	显著
佳木斯	−2.60	下降	0.01	显著
镇西	−2.11	下降	0.05	显著
白云胡硕	−2.37	下降	0.01	显著

从表 2.1-2 可知，松花江流域内 8 个水文站点的 Z_s 值均为负值，说明各站的径流量均呈减少的趋势。其中，大赉、哈尔滨、佳木斯和白云胡硕的 $|Z_s|>2.32$，通过了显著性水平 0.01 的检验，说明大赉、哈尔滨、佳木斯和白云胡硕断面的径流量下降非常明显；尼尔基、镇西站点的 $|Z_s|>1.64$，通过了显著性水平 0.05 的检验，说明尼尔基、镇西站点的径流量也存在明显的下降趋势；丰满站点的 $|Z_s|>1.28$，通过了显著性水平 0.1 的检验，说明丰满站点径流量下降的也较明显；而扶余站点的 $|Z_s|>1.28$，未通过显著性水平 0.1 的检验，说明扶余站

点径流量下降趋势不显著。

（2）径流量变化突变分析。通过 Mann - Kendal 方法突变检验得出尼尔基、大赉、丰满、扶余、哈尔滨、佳木斯、镇西和白云胡硕站点 1956—2014 年径流量 Mann - Kendal 统计量曲线见图 2.1 - 10～图 2.1 - 17。松花江流域径流量突变分析结果见表 2.1 - 3。

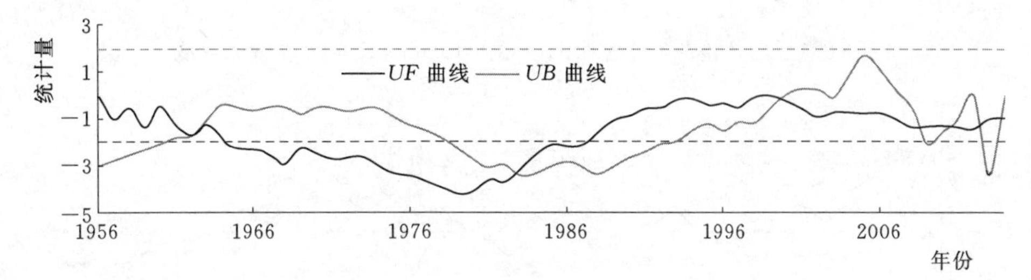

图 2.1 - 10　嫩江尼尔基站点 Mann - Kendal 统计量曲线

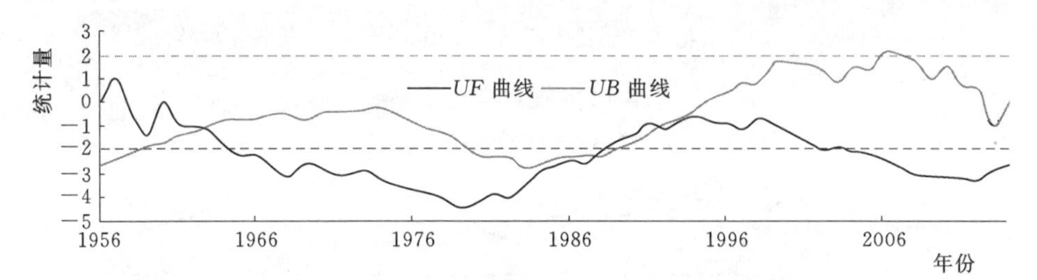

图 2.1 - 11　嫩江大赉站点 Mann - Kendal 统计量曲线

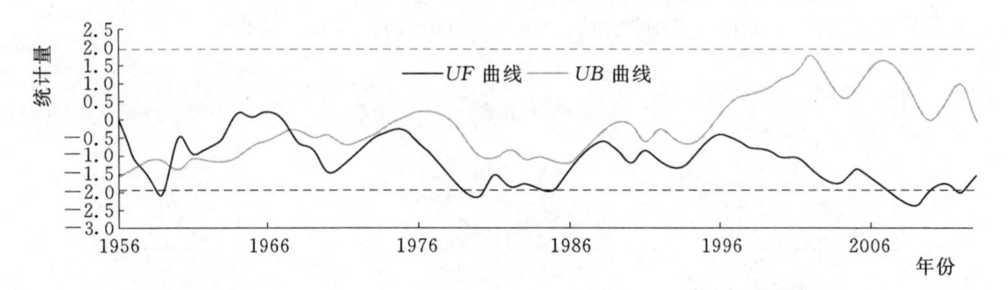

图 2.1 - 12　第二松花江丰满水库站点 Mann - Kendal 统计量曲线

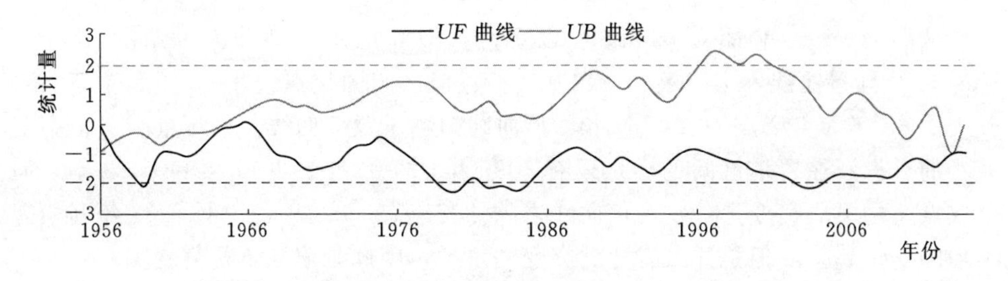

图 2.1 - 13　第二松花江扶余站点 Mann - Kendal 统计量曲线

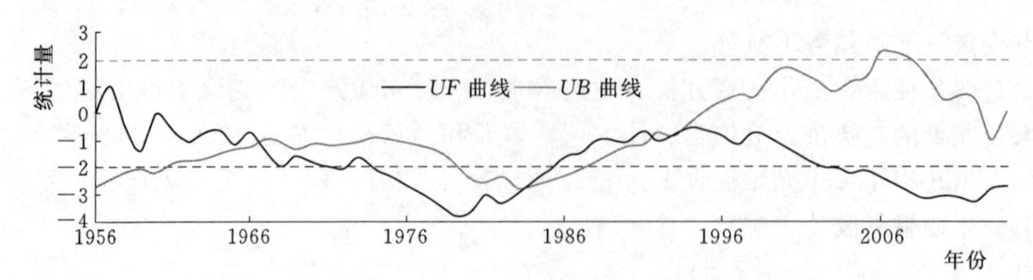

图 2.1-14　松花江干流哈尔滨站点 Mann-Kendal 统计量曲线

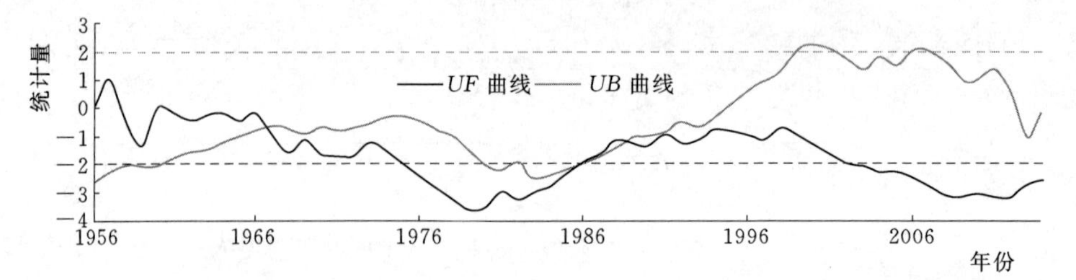

图 2.1-15　松花江干流佳木斯站点 Mann-Kendal 统计量曲线

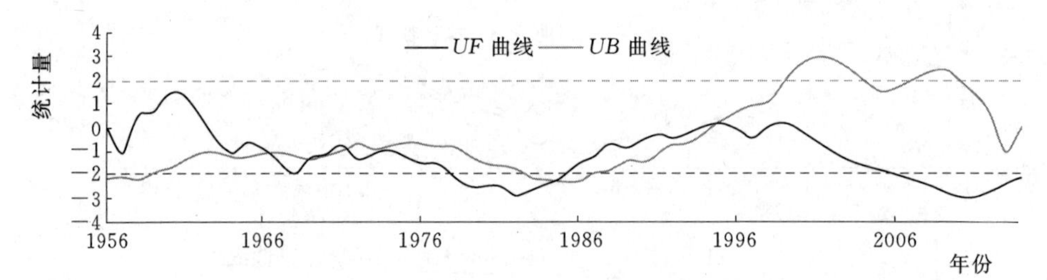

图 2.1-16　洮儿河镇西站点 Mann-Kendal 统计量曲线

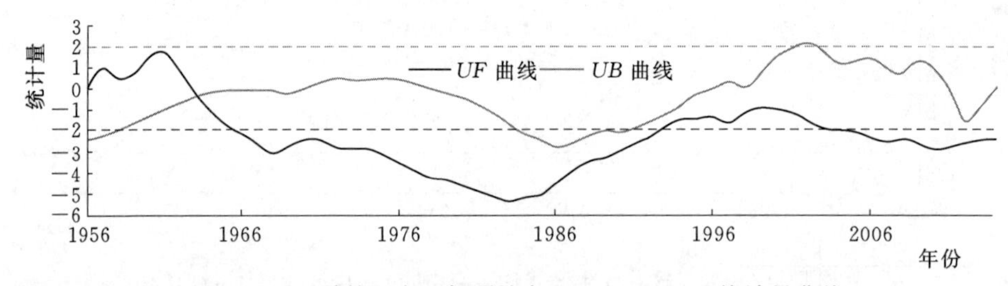

图 2.1-17　霍林河白云胡硕站点 Mann-Kendal 统计量曲线

从图 2.1-10 和图 2.1-11 可以看出，嫩江尼尔基站和大赉站的 Mann-Kendal 统计量曲线不太一致。尼尔基站在置信区间的交点为 1963 年和 1999 年，其中 1963 年为突变点，在 1964 年 *UF* 曲线超越了置信曲线，径流量有一个突变减小的过程；在置信区间的交点还有 1999 年、2009 年、2011 年和 2013 年，但这些点还构不成突变点；在置信曲线之外的交点有 1983 年，说明 1983 年开始有增加的变化趋势，但是并没有达到突变的水平，因此，该点不是突变点。

大赉站的置信区间内的交点有 1963 年和 1991 年，这两个点均为突变点。在突变点 1963 年之后的 1964 年 *UF* 曲线超越了置信曲线，径流量有一个突变减少的趋势；在 1991 年之后的 2002 年左右 *UF* 曲线超越了置信曲线，径流量有一个突变减少的趋势。

第二松花江丰满站和扶余站的 *UF* 曲线和 *UB* 曲线基本在置信区间内，变化趋势不明显。其中丰满水库站的 *UF* 和 *UB* 曲线在置信区间内的交点有 1957 年、1959 年和 1967 年，扶余站的 *UF* 和 *UB* 曲线在置信区间内的交点有 1957 年，这些都没有通过 90%置信区间的检验，所以不算突变点。

松花江干流内的哈尔滨站和佳木斯站的 Mann - Kendal 统计量曲线基本一致。哈尔滨站 *UF* 和 *UB* 在置信区间内的交点有 1967 年、1993 年，这两个点均为突变点，在 1994 年和 2002 年左右 *UF* 曲线均超越了置信曲线，径流量有一个突变减小的过程；在置信区间之外的交点有 1983 年，说明 1983 年开始有增加的变化趋势，但是变化没有达到突变的水平。佳木斯站 *UF* 和 *UB* 在置信区间内的交点有 1967 年、1989 年，这两个点均为突变点，在 1975 年和 2002 年左右 *UF* 曲线均超越了置信曲线，径流量有一个突变减小的过程。

洮儿河镇西站 *UF* 和 *UB* 在置信区间内的交点有 1967 年、1971 年和 1995 年，其中 1971 年和 1995 年这两个点均为突变点，在 1978 年和 2006 年左右 *UF* 曲线均超越了置信曲线，径流量有一个突变减小的过程；在置信区间之外的交点有 1985 年，说明 1985 年开始有增加的变化趋势，但是变化没有达到突变的水平。

霍林河白云胡硕站 *UF* 和 *UB* 在置信区间内的只有一个交点，1964 年为突变点，在 1965 年左右 *UF* 曲线均超越了置信曲线，径流量有一个突变减小的过程。

表 2.1-3　　松花江流域径流量突变分析结果

流域分区	站　点	序　列	突变点	突变趋势
嫩江	尼尔基	1956—2014 年	1963 年	减少
	大赉	1956—2014 年	1963 年 1991 年	减少
第二松花江	丰满水库	1956—2014 年	—	—
	扶余	1956—2014 年	—	—
松花江干流	哈尔滨	1956—2014 年	1967 年 1993 年	减小
	佳木斯	1956—2014 年	1967 年 1989 年	减小
洮儿河	镇西	1956—2014 年	1971 年 1995 年	减小
霍林河	白云胡硕	1956—2014 年	1964 年	减小

2.1.3.3 径流年内变化

流域内各断面丰水期（6—9月）和枯水期（12月至翌年3月）特征见表2.1-4。

表2.1-4 流域内各断面径流年内变化特征表

断面		丰水期径流量/亿 m^3	%	枯水期径流量/亿 m^3	%
干流	尼尔基	73.08	68.4	2.62	2.5
	大赉	138.00	66.2	8.96	4.3
	扶余	73.08	49.2	33.14	22.3
	哈尔滨	234.06	57.3	45.32	11.1
	佳木斯	373.35	59.1	61.46	9.7
支流	镇西	8.13	70.1	0.89	7.7
	白云胡硕	1.74	61.2	0.13	4.7

从表2.1-4可以看出，松花江流域内各断面径流量年内分配极不均匀。冬季由于河流进入冰封期，径流量较小，这一时期为枯季径流；春季以后随气温明显升高，河流进入解冻期，流量开始增大；夏秋两季是流域降水较多的时期，也是河流发生洪水的时期。年内径流量50%～70%集中在丰水期，主要以洪水形式出现，年内分配不均极为明显。

同时，选择尼尔基断面作为典型断面，尼尔基建库前、后径流年内分配对比见表2.1-5、图2.1-18。

表2.1-5 尼尔基建库前、后径流年内分配对比表 %

月份	1	2	3	4	5	6	7	8	9	10	11	12
建库前	0.23	0.13	0.20	6.25	11.41	12.04	18.52	22.82	16.12	9.19	2.39	0.71
建库后	2.62	2.60	2.88	5.27	11.24	14.06	15.67	20.52	10.79	6.72	5.12	2.53
对比	2.39	2.47	2.67	−0.98	−0.17	2.02	−2.85	−2.30	−5.33	−2.47	2.73	1.82

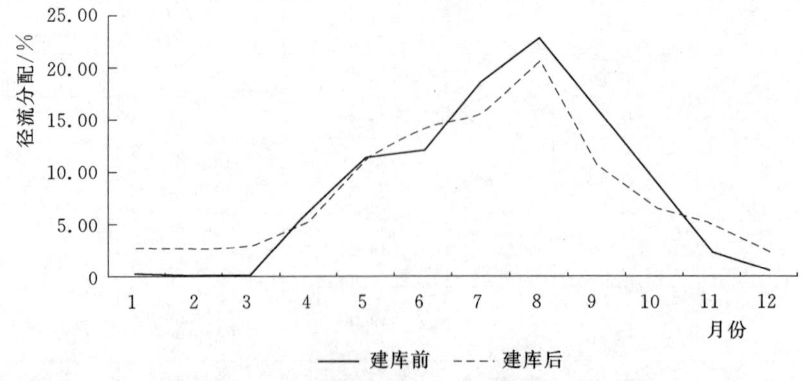

图2.1-18 尼尔基建库前后年内径流分配对比图

由表2.1-5、图2.1-18可见尼尔基建库后比建库前年内径流分配均匀，枯水期径流量占比有所增加，丰水期径流量占比有所减少，其中9月减少最多，为5.33%。尼尔基水库的建设存蓄洪水，削减洪峰流量，降低洪水频率，改变了水库下游的水文情势。

松花江流域建设有众多水利工程，有大型的水库、水电站以及引水工程等，这些工程的叠加影响大大削减洪峰流量、降低洪水频率，改变水文情势。

2.1.4 水文情势变化

干支流水库修建后，由于大坝的阻隔改变了径流的自然变化过程，对水系连通性有双重影响。一方面，松花江流域水量丰富，水资源能基本满足河道内生态环境用水的要求，一般情况下，大坝的修建对水流的连续性没有大的不利影响。通常，由于大坝的修建使径流的年内变幅减小，增大枯季径流量，有利于保持水流的连续性。但在少量缺水的地区，由于大坝的修建加大了对流域水资源的开发利用强度，再加上水库蒸发，使坝下游的水量减小，影响水流的连续性。另一方面，大坝的修建阻断了水流联系的通道，其阻断的程度取决于大坝的规模和水库运行调度方式。大坝的阻隔使生境破碎化和片段化，对库区和坝下游生态环境有一定的不利影响。从对航运的影响方面来说，大坝的阻隔增加了船只在闸口段通行的时间，可能降低船只的通行效率，但库区长度的增大或梯级水库能使原先通航能力较差的地区通航能力提高，或使原先不能通航的地方通航，扩大通航里程。对于引水式电站而言，由于发电引水，大坝下游至电站区间径流量大幅度减小，甚至断流，对局部河段生态环境的影响非常严重。且随着流域规划电站的逐步建成，流域径流总量会因水面蒸发和开发利用强度的增加而减少（相同降水条件下），而枯季径流量可能增加，径流量的年内变化将变得更加均匀，原先能过水的湿地将缺乏水流补充，影响湿地生态系统完整性和其功能的充分发挥，流域生境破碎化的趋势会更加明显。为了辨识出松花江流域水库建设对纵向连通性的影响，有必要根据一定特征参数对其连通性进行定量描述。

由于水系连通是通过径流的周期性涨落来实现的，因此本书通过径流的变化来表征河流纵向连通性的变化。当前，用以计量河流水文条件变化的方法主要是变化范围法（RVA）。该方法主要计算的是水文指标的改变程度（水文改变度）来评估河流水文条件的受影响程度。下面从水文改变度、流域主要站点水文改变度统计等方面来阐述，用以表征流域纵向连通性的情况。

水文改变度的计算建立在分析水文指标的基础上，以详细的流量数据来评估受影响前后的河流流量水文情势的变化状态。一般以日流量数据为基础，以未受影响前的流量自然变化状态为基准，统计水文指标体系受影响前后的变化，分析河流受干扰前后的改变程度。当前最常用的水文指标体系是1997年Richter等提出的从流量大小、发生时间、频率、延时和变化率5个方面的水文特征对河流进行描述的33个水文指标构成的水文指标体系（Indicators of Hydrologic Alteration，IHA），该指标体系及对应的生态系统影响见表2.1-6。

表2.1-6　IHA参数以及对生态系统的影响

IHA指标	水文参数	对生态系统影响
月均流量 （12个参数）	各月流量均值	（1）水生有机物的栖息地有效性； （2）植物的土壤湿度有效性； （3）陆生动物的水资源有效性及水供应的可靠性； （4）哺乳动物的食物覆盖有效性； （5）食肉动物筑巢的通道
年极端流量 （12个参数）	年均1日、3日、7日、30日、90日最小流量 年均1日、3日、7日、30日、90日最大流量 0流量天数 基流指数①	（1）满足植被扩张； （2）生物体忍耐性平衡； （3）河渠地形塑造； （4）自然栖息地物理条件培养； （5）河流域漫滩的养分交换； （6）湖、池塘、漫滩的植物群落分布的需求
年极端流量出现时间 （2个参数）	年最大流量出现时间（罗马日） 年最小流量出现时间（罗马日）	（1）生命体的循环繁衍； （2）生物繁殖期的栖息地条件； （3）物种的进化需要； （4）满足鱼类的洄游产卵
高、低流量频率② 及持续时间 （4个参数）	每年低流量谷底数 每年低流量平均持续时间 每年高流量洪峰数 每年高流量持续时间	（1）植物所需土壤湿度的频率与尺度； （2）满足洪泛区与河流的泥沙运输、渠道结构、底层扰动等需要； （3）支持水鸟栖息地
流量变化的 改变率及频率 （3个参数）	流量连续增加率均值③ 流量连续减少率均值④ 每年流量逆转次数⑤	（1）植物干旱压力； （2）低速生物体干燥胁迫； （3）促成岛上、漫滩的有机物的诱捕

①　基流指数＝最小7日流量平均值/年平均流量。

②　高流量定义为高于干扰前流量75%频率的日均流量，低流量定义为低于干扰前流量25%频率的日均流量。

③　流量连续增加率均值指流量连续增加量除以连续增长天数之比的均值；

④　流量连续减少率均值指流量连续减少量除以连续减少天数之比的均值。

⑤　逆转次数指河流日流量由增加变成减少或由减少变成增加的次数。

水文改变度是水文指标受影响的改变程度的量化，其大小定义如下：

$$A_i=\left(\frac{Z_o-Z_e}{Z_e}\right)\times 100\% \tag{2.1-7}$$

$$Z_o=rZ_t$$

式中：A_i 为第 i 个IHA指标的水文改变度；Z_o 为第 i 个IHA指标在径流受影响

后实际落于RVA阈值内（在生态目标区间）的年数；r为径流受影响前IHA落于生态目标阈值内的比例，本文以各IHA发生频率为75%、25%的值确定阈值范围，则$r=50\%$；Z_t为径流受影响后IHA统计的总年数。

Richter对水文指标的水文改变程度设定了一个客观的判断标准，规定若A_i值的绝对值落于0～33%区间，则属于低度改变，33%～67%区间属于中度改变，67%～100%区间则属于高度改变。

为了量化松花江流域径流受水库建设影响的变化情况，继而表征松花江流域纵向连通情况，本书选择松花江流域嫩江、第二松花江干流上两个控制性水库——尼尔基水库、丰满水库的入库前后径流来进行水文指标改变度的计算。

1. 尼尔基水库入库前后水文改变度统计

尼尔基水库2006年建成发电。为了分析尼尔基水库建库前后的影响，本书采用临近测站阿彦浅1953—2015年的径流资料作为尼尔基水库建设前日径流序列作为受影响前的径流序列，利用收集到的2007—2015年出库日径流序列作为受影响后的径流序列来进行水文指标改变度计算。经计算各指标水文改变结果见下表2.1-7。由该表可知其中有21个指标水文改变度属于高度改变，6个指标属于中度改变，6个指标属于低度改变，即有81.82%的水文指标发生较大程度的改变，仅有18.18%的指标发生较小的改变。这说明尼尔基水库建设等对嫩江干流水文情势产生了较大的影响，相应地，对嫩江流域河流纵向连通性造成了较大的影响。

表2.1-7　　尼尔基水库调度对河流生态水文过程的改变程度

IHA指标	RVA界限		水文改变度/%	水文改变程度
	上限	下限		
1月平均流量	5.17	15.80	−100.00	高度改变
2月平均流量	3.23	8.12	−100.00	高度改变
3月平均流量	4.14	11.60	−100.00	高度改变
4月平均流量	64.65	223.50	27.27	低度改变
5月平均流量	190.00	484.00	27.27	低度改变
6月平均流量	237.00	612.50	−38.24	中度改变
7月平均流量	302.00	869.00	27.27	低度改变
8月平均流量	380.00	1160.00	−57.58	中度改变
9月平均流量	245.50	766.50	−36.36	中度改变
10月平均流量	184.00	426.00	−38.24	中度改变
11月平均流量	54.05	109.00	−79.41	高度改变
12月平均流量	15.00	39.00	−79.41	高度改变

续表

IHA 指标	RVA 界限		水文改变度/%	水文改变程度
	上限	下限		
1 日最小流量	1.67	4.92	−100.00	高度改变
3 日最小流量	2.64	5.87	−100.00	高度改变
7 日最小流量	2.90	7.22	−100.00	高度改变
30 日最小流量	3.30	8.08	−100.00	高度改变
90 日最小流量	4.92	11.11	−100.00	高度改变
1 日最大流量	1360.00	2860.00	−100.00	高度改变
3 日最大流量	1347.00	2710.00	−100.00	高度改变
7 日最大流量	1246.00	2509.00	−100.00	高度改变
30 日最大流量	872.00	1673.00	−15.15	低度改变
90 日最大流量	568.60	1139.00	6.06	低度改变
0 流量天数	0	0	−77.78	高度改变
基流指数	0.01	0.02	−100.00	高度改变
年最小流量出现时间	42.00	70.00	−100.00	高度改变
年最大流量出现时间	176.00	234.00	0	低度改变
每年低流量谷底数	1.00	2.00	−51.16	中度改变
每年低流量平均持续时间	65.00	108.00	−100.00	高度改变
每年高流量洪峰数	3.00	5.00	−80.00	高度改变
每年高流量持续时间	7.00	24.50	−100.00	高度改变
流量连续增加率均值	6.00	20.00	−57.58	中度改变
流量连续减少率均值	−12.00	−5.00	−79.41	高度改变
每年流量逆转次数	38.00	62.00	−100.00	高度改变

2. 丰满水库入库前后水文改变度统计

为了分析丰满水库建库前后的影响，本书采用收集到的 1946—2009 年入库前后日径流序列来进行水文指标改变度计算。经计算，各指标水文改变结果见表 2.1-8。由表 2.1-8 可知，其中有 21 个指标水文改变度属于高度改变，2 个指标属于中度改变，10 个指标属于低度改变，即有 70%的水文指标发生较大程度的改变，水库建设等对第二松花江干流水文情势产生了较大的影响，相应地，对二松流域河流纵向连通性产生了较大的影响。

表 2.1-8　　丰满水库调度对河流生态水文过程的改变程度

IHA 指标	RVA 界限		水文改变度/%	水文改变程度
	上限	下限		
1 月平均流量	31.50	102.30	−100.00	高度改变
2 月平均流量	29.75	112.60	−90.63	高度改变

续表

IHA 指标	RVA 界限		水文改变度/%	水文改变程度
	上限	下限		
3 月平均流量	63.25	210.50	−28.13	低度改变
4 月平均流量	355.90	636.90	−12.50	低度改变
5 月平均流量	311.50	609.80	40.63	中度改变
6 月平均流量	247.50	658.30	40.63	中度改变
7 月平均流量	322.00	1023.00	6.25	低度改变
8 月平均流量	347.30	1029.00	−28.13	低度改变
9 月平均流量	149.10	392.40	28.13	低度改变
10 月平均流量	105.30	218.00	−30.30	低度改变
11 月平均流量	71.25	185.40	−71.88	高度改变
12 月平均流量	36.25	114.30	−93.75	高度改变
1 日最小流量	0	0	−100.00	高度改变
3 日最小流量	0.42	13.92	−100.00	高度改变
7 日最小流量	8.96	31.50	−100.00	高度改变
30 日最小流量	26.32	67.73	−100.00	高度改变
90 日最小流量	54.83	105.30	−96.88	高度改变
1 日最大流量	1761.00	5151.00	−50.00	高度改变
3 日最大流量	1534.00	4626.00	−46.88	高度改变
7 日最大流量	1235.00	3467.00	−53.13	高度改变
30 日最大流量	821.60	1976.00	−40.63	高度改变
90 日最大流量	583.20	1176.00	−25.00	低度改变
0 流量天数	9.25	24.75	−100.00	高度改变
基流指数	0.02	0.10	−100.00	高度改变
年最小流量出现时间	2.00	23.50	−94.59	高度改变
年最大流量出现时间	192.50	227.00	−27.27	低度改变
每年低流量谷底数	20.25	30.75	−100.00	高度改变
每年低流量平均持续时间	1.00	2.00	−93.44	高度改变
每年高流量洪峰数	8.00	15.00	−48.65	高度改变
每年高流量持续时间	1.13	6.00	8.82	低度改变
流量连续增加率均值	45.63	77.88	−68.75	高度改变
流量连续减少率均值	−86.50	−46.50	−68.75	高度改变
每年流量逆转次数	196.30	226.80	−9.38	低度改变

2.1.5　鱼类的组成和结构发生改变

2.1.5.1　松花江鱼类组成变化分析

根据目前资料看来，1638 年，杨宾著的《柳边记略》描述了牡丹江的大麻哈鱼、鲟鱼和镜泊湖的鲫鱼，以及宁古塔（今宁安县）的渔产盛况。1722 年，吴荣南著的《宁古塔记略》，提到过鳊鱼、鲟、鳇、青鱼、鲫和大麻哈鱼。1735 年，王河等编著的《盛京道志》，列述了 31 种东北各江河中出产的淡水鱼类，有 24 种是松花江中所产，叙述比较详细。在 16—17 世纪的中国，由于当时生产力低下，人口较少，松花江鱼类资源量非常丰富，鱼类生态一直保持平衡，没有受到破坏。洄游性大麻哈鱼是当时松花江流域的常见鱼类种。

自从 19 世纪开始，已经有外国人对松花江流域的鱼类资源情况进行考察，虽然他们没有对整个松花江流域的鱼类资源进行全面的考察，所调查的数据也不能反映整个流域，但他们所采用的方法是近代的科学方法，为我国对松花江进行系统的调查提供了借鉴。从这个时期人们所调查的数据来看，当时松花江的鱼类种类估计有 100 种左右，鱼类资源很丰富，水生态平衡没有受到严重破坏。

1. 20 世纪 50 年代流域鱼类组成

哈尔滨水产养殖场于 1950 年开始进行松花江鱼类的调查研究，特别在大麻哈鱼的研究试验方面作出了宝贵的贡献。1955 年，吉林师范大学生物系傅桐生教授发表了《东北习见的淡水鱼类》一文，记述了 36 种松花江的鱼类。20 世纪 50 年代末，相关学者对松花江进行了比较详细的鱼类调查。采集地分别为：哈尔滨、岔林河、佳木斯、富锦、同江市、牡丹江市、镜泊湖、横道河子、陶赖昭、乌拉街、吉林市、松花江镇、桦甸、齐齐哈尔市、富拉尔基、江桥、嫩江、五大连池，共采集标本 1700 余件，发现松花江鱼类有 68 个种和亚种。其中，鲤科 42 种，占 61.76%，鲤科鱼类则以青草亚科（12 种）和鮈亚科（11 种）占优势；鳅科 5 种，占 7.35%；鲍科和鲑科各 4 种，分别占 5.88%。其他科共计 13 种，占 19.13%。

这个时期，松花江鱼类区系组成，以鲤科鱼类占绝对优势，其次是个体较小、耐污性较强的青草亚科、鮈亚科、鳅科等鱼类。这主要是因为鲤科鱼类种类数量多、个体小。由于个体小的鱼类成熟快、繁殖快，在受到破坏后能迅速恢复，而个体大的鱼类成熟慢，繁殖也慢，在受到破坏后不容易恢复。所以鲤科鱼类是优势种。但调查中能够发现较多的冷水性鱼类如：细鳞鲑、哲罗鲑、茴鱼等，以及洄游性鱼类如：大麻哈鱼、日本七鳃鳗等，说明水质较好，没有受到严重污染。

2. 20 世纪 80 年代流域鱼类组成

1984 年，于常荣、张耀明等将 1975 年以来第二松花江污染等调查研究工作中采集到的鱼类标本和调查资料加以整理，发现第二松花江鱼类 73 种，分属于

53属，15科，其中鲤科鱼类47种，占64.38%，且多数都是该流域的重要经济鱼类。鲤科鱼类中以鮈亚科（17种）和雅罗鱼亚科（12种）占优势。鳅科5种，鲿科、鲑科各3种。发现的各种鱼类种，有30种在公开刊物中未列入名录，仅见文献报道而没有采集到标本的有7种，其中，乌苏里白鲑、哲罗鲑、三角鲂、条纹似白鮈虽已列入名录，但前两种已基本采集不到。另外，尖头红鲌（*Erythroculteroxycephaloides*）、似鲌（*Culeralburnus*）、短尾鲌（*C. brevicauda*）三个种的有效性尚值得研究。根据鱼类生态类型和经济价值来分，第二松花江主要是湖泊定居性鱼类，如鲤鱼、鲫鱼、鲶鲌、红鲌、乌鳢、黄颡鱼、鳜鱼等，种类多、数量大，在渔业资源中占绝对优势，其次是江湖半洄游性鱼类，如草鱼、鲢鱼、鳙鱼等。由于十多年来，人工向湖库投放大量的草鱼、鲢鱼、鳙鱼鱼种，它们生长快、发育好，在渔业生产中占重要地位。海淡水洄游性鱼类只有日本七鳃鳗一种，是我国东北地区的特有种。

这次调查比20世纪50年代调查的鱼类种类数要多，但不一定能够说明松花江的鱼类种类数比50年代要多，但通过这两次采样数据对比，这次调查没有发现鳇鱼、施氏鲟等鲟科鱼类，和洄游性的大麻哈鱼。而发现了上次没有发现的史氏黄黝鱼、鳅类、鮈类等鱼类。这可能说明，到80年代，冷水性鱼类和洄游性鱼类数量减少，耐污性、个体小的鱼类数量增加。这可能是因为这个时期松花江周边见了很多化工污染企业，松花江水体受到严重污染，以及一些水利工程的建设，人为过度捕捞，江面采砂对产卵场的影响，对冷水性鱼类和洄游性鱼类造成影响。

3. 近期流域鱼类区系组成

李云飞、王浩闻等2009—2010年对第二松花江、嫩江、松花江干流、牡丹江等主要河流进行布点采样，设置调查站位62个，其中，第二松花江干流布置站位30个，重要支流7个；嫩江干流布置站位5个，重要支流2个；松花江干流布置站位9个，重要支流9个。采集区域覆盖了整个松花江流域，对松花江流域鱼类的区系组成、鱼类多样性、资源状况进行了详细的调查。

此次调查鱼类66种，分9目18科，其中鲤科30种，占45.45%，鲤科鱼类中又以鮈亚科（8种）、雅罗鱼亚科（7种）和鲌亚科（6种）占优势。鳅科8种，鲑科6种，鲿科4种。其中，驼背大麻哈鱼、马苏大麻哈鱼、池沼公鱼、大银鱼、兴凯鱊、克氏鰁、三块鱼、大鳞副泥鳅、乌苏里拟鲿、纵带鮠等鱼类为松花江新纪录种，而赤眼鳟、条纹拟白鮈、逆鱼、平口鮈、彩石鲋、圆尾斗鱼等鱼类在文献上有记录，但是本次调查没有发现。

这次调查发现，当前的鱼类种类数比前两次调查发现的均要少一些，一些鱼类整个流域均没有发现，如圆尾斗鱼、花羔红点鲑等冷水性鱼类，以及澄氏鳅鮀、某些鮈类、赤眼鳟等鱼类。在某些断面，一些以前常见的冷水性鱼类也未出现，如在松花江镇的调查，据当地与民间描述，50年前能经常捕到狗鱼、乌苏里白鲑等冷水性鱼类，而这些年从未捕到。甚至某些断面的鱼类仅仅数种，如在稍口、霍家渡口的调查，根据当地渔民描述，由于采砂场的影响，江里除了少量的泥鳅、鲫鱼，基本上无其他鱼类。而洄游性的大麻哈鱼只在松花江下游末端同江市发现，其他江段都未发现。这说明，松花江鱼类种类数减少，生物多样性下降。

4. 现阶段鱼类组成

根据近现代调查资料与研究成果，松花江鱼类81种，隶属8目16科，其中鲤科49种，鳅科8种，鲑科4种，鲶科4种，鲟科2种，鲇科2种，塘鳢科2种，七鳃鳗科2种，茴鱼科、银鱼科、狗鱼科、鳕鱼科、脂科、鳢科、斗鱼科、杜父鱼科各1种（2004年董崇智、姜作发《黑龙江、绥芬河、兴凯湖渔业资源》）。从目前鱼类组成来看，列为《中国濒危动物红皮书》（1990年）易危种类有7种（施氏鲟、达氏鳇、日本七鳃鳗、雷氏七鳃鳗、乌苏里白鲑、怀头鲇、细鳞鲑）；稀有种25种（大麻哈鱼、施氏鲟、达氏鳇、日本七鳃鳗、黑斑狗鱼等）。

（1）松花江干流。根据相关文献资料及专家咨询，最终确定松花江（三岔河口至同江口）鱼类为8目15科70种，其中鲤科最多为41种，鲑科、鳅科和鲶科为4种，七鳃鳗科、鲟科、鲇科、鰕虎鱼科、塘鳢科和胡瓜鱼科都为2种，其他各科均为1种。三岔河口至同江口江段鱼类种类数最多为65种，三岔河至拉林河口江段和呼兰河口至宾县临江屯江段种类最少，为49种。其中，列入《中国濒危动物红皮书》（1990年）濒危种类有6种（施氏鲟、达氏鳇、日本七鳃鳗、雷氏七鳃鳗、乌苏里白鲑、怀头鲇）。

黑龙江水产研究所于2010年春夏秋三季的实地调查结果显示：松花江干流共采集鱼类64种隶属7目15科，其中鲤科种类最多为36种，占总数的56.25%；鳅科6种，占总数的9.38%；鲑科4种，占总数的6.25%；鲶科3种，占总数的4.69%；七鳃鳗科、鲟科、胡瓜鱼科、塘鳢科均为2种，占总数的3.13%，其鳕科、鮨科、鰕虎鱼科、鳢科等科均为1种，占总数的1.56%。

空间分布：从调查结果看，松花江大顶子山以上江段、佳木斯以上江段、同江三江口江段，鱼类种类数有所不同，松花江大顶山以上江段采集鱼类55种，佳木斯以上江段58种，同江三江口江段63种。

在2015年调查期间，松花江干流（三岔河口至同江口）统计渔获物3.2t，共采集、测量标本3425尾，采集鱼类8目16科65种，其中鲤科最多为38种，鳅科和鲶科为4种，鲑科、七鳃鳗科、鲟科、鲇科、鰕虎鱼科、塘鳢科和胡瓜鱼科为2种，其他各科均为1种。在松花江共采集底栖动物5类（软体动物、甲壳动物、环节动物、水生昆虫、线形虫动物），共计为15目39科113种。

（2）嫩江。根据历史资料记载嫩江（尼尔基坝下至三岔河口）鱼类为7目

15科74种，列入《中国濒危动物红皮书》（1990年）濒危种类有5种（日本七鳃鳗、雷氏七鳃鳗、细鳞鲑、乌苏里白鲑、怀头鲇），目前在嫩江（尼尔基坝下至三岔河口）分布的濒危鱼类仅有雷氏七鳃鳗和怀头鲇2种。

2014年，在黑龙江水产研究所调查期间，嫩江（尼尔基坝下至三岔河口）共采集、测量标本4500余尾，统计渔获物68.5t，采集鱼类7目13科61种，其中鲤科最多为38种，鳅科为5种，鲶科为4种，鰕虎鱼科和塘鳢科为2种，其他各科均为1种。洮儿河口至三岔河口江段鱼类种类数最多为61种，尼尔基坝下至同盟水文站江段鱼类种类数最少为47种。嫩江下游共采到底栖动物5类（软体动物、甲壳动物、扁形动物、环节动物、水生昆虫），初步鉴定为16目41科94种。

（3）第二松花江。根据相关文献资料及专家咨询，最终确定第二松花江（丰满水库坝址至三岔河口）鱼类为7目15科68种，其中，列入《中国濒危动物红皮书》（1990年）濒危种类有4种（日本七鳃鳗、雷氏七鳃鳗、乌苏里白鲑、怀头鲇）。2013年，在黑龙江水产研究所调查期间，在第二松花江下游共采到底栖动物4类（软体动物、甲壳动物、环节动物、水生昆虫）13目23科38种。

调查期间第二松花江（丰满水库坝址至三岔河口）共采集、测量标本1320余尾，统计渔获物2.3t，采集鱼类5目11科53种，其中，鲤科最多为34种，鳅科和鲶科为4种，鰕虎鱼科、塘鳢科和胡瓜鱼科都为2种，其他各科均为1种。哈达山坝址至三岔河口江段鱼类种类数最多为49种，丰满水库坝址至通气河口江段种类最少，为31种。

2013年，黑龙江水产研究所在丰满水库上游辉发河河口至桦甸市与桦树林子乡至红石水库采集鱼类相同，为3目6科31种。历史资料记载列入《中国濒危动物红皮书》（1990年）濒危种类有3种（日本七鳃鳗、雷氏七鳃鳗、怀头鲇），目前在丰满水库以上水域并没有发现濒危鱼类的分布。辉发河河口至桦甸市水域共采到底栖动物3类（软体动物、甲壳动物、水生昆虫）6目11科24种，桦树林子乡至红石水库水域共采到底栖动物4类（软体动物、甲壳动物、水生昆虫、扁形动物）5目5科9种。

2.1.5.2 当前鱼类分布特征

根据近年来中国水产科学研究院黑龙江水产研究所对嫩江、松花江及松花江干流鱼类调查分析，目前流域主要干支流鱼类分布发生一定变化。

1. 上游冷水性鱼类生境缩小

嫩江上游干支流及第二松花江、松花江干流主要支流上游等是流域冷水性鱼类的重要分布区。各级河流上游源头区受冰雪融水补给较多，且植被茂密，阻碍了太阳光线直射和能量交换，河流水温低，是冷水性鱼类分布的重要生境。而到了中下游段河流水温较高，冷水鱼较少。

松花江流域冷水性鱼类有10科16属19种，其中鲑科、鳅科各为4种，鲤科为3种，七鳃鳗科2种，胡瓜科、银鱼科、狗鱼科、鳕科、刺鱼科、杜父鱼科各1种。其中，有溯河洄游型的大麻哈鱼和日本七鳃鳗。有经济价值的冷水性鱼类大麻哈鱼、黑斑狗鱼、江鳕、银鱼、池沼公鱼、乌苏里白鲑、哲罗鲑、雅罗鱼等8种。

细鳞鲑、哲罗鲑、乌苏里白鲑等洄游性冷水性鱼类，由于松花江干流、支流水利工程、环境变化、过度捕捞等原因，造成洄游通道被切断，种群资源下降，目前主要分布于嫩江尼尔基水利枢纽上游及诺敏河等主要支流。细鳞鲑、哲罗鲑等冷水性鱼类对水质要求比较高，冰雪融水即可刺激产卵。

第二松花江上游及松花江干流主要支流呼兰河、拉林河、倭肯河、梧桐河、牡丹江等上游冷水性鱼类以小型鳅科鱼类等溪流性鱼类以及东北七鳃鳗等终生栖居于溪流中的鱼类为主；江鳕夏季水温较高时洄游至松花江主要支流上游，秋季则洄游至大江深处越冬。

为了表达水库大坝对冷水性鱼类的阻隔造成鱼类生境的缩小，本书以尼尔基水库对冷水鱼生境造成的阻隔为例，引入了空间阻隔程度指数 H 的概念。

$$H=1-\frac{a_1}{a_0} \tag{2.1-8}$$

式中：H 为空间阻隔程度指数；a_1 为没有被阻隔的生境的范围；a_0 为阻隔之前的生境的范围。

嫩江的上游分布有冷水性鱼，主要分布在甘河流域、诺敏河流域、雅鲁河流域、科洛河流域等嫩江的上游区域，见图2.1-19。尼尔基水库建成后，尼尔基水库以上流域的冷水性鱼类无法和嫩江干流进行交流，只能到尼尔基水库越冬。只有诺敏河和讷谟尔河的冷水性鱼类可以和嫩江干流进行种群交流。但是随着诺敏河和讷谟尔河的开发，这些河流也将要建一些大型的水利工程，这将严重缩小冷水性鱼类的生境，对冷水性鱼类的生存和繁衍造成十分不利的影响。按照空间阻隔程度指数公式计算得到嫩江冷水性鱼类的空间阻隔程度指数为0.62。也就是说尼尔基水库的阻隔，导致62%的生境范围内的冷水性鱼类无法与嫩江干流进行交流。

2. 下游洄游性鱼类生境阻隔

溯河洄游是指鱼类生活在海洋，性成熟后溯游至江河的中上游进行繁殖。松花江流域内溯河洄游的鱼类包括大麻哈鱼、日本七鳃鳗等，进入松花江流域的均是性成熟回归产卵的亲体。大麻哈鱼在秋季沿黑龙江溯河上游至松花江流域产卵，受精卵在冰下低温水域孵化，翌年2—3月孵出，至5月开始降海洄游，然后远海栖息生活3～5年达性成熟时溯河，回归原繁殖河流产卵。日本七鳃鳗从鱼卵到幼鱼开始在松花江生活4～5年后变态下海，在海洋中生活2年后，秋季

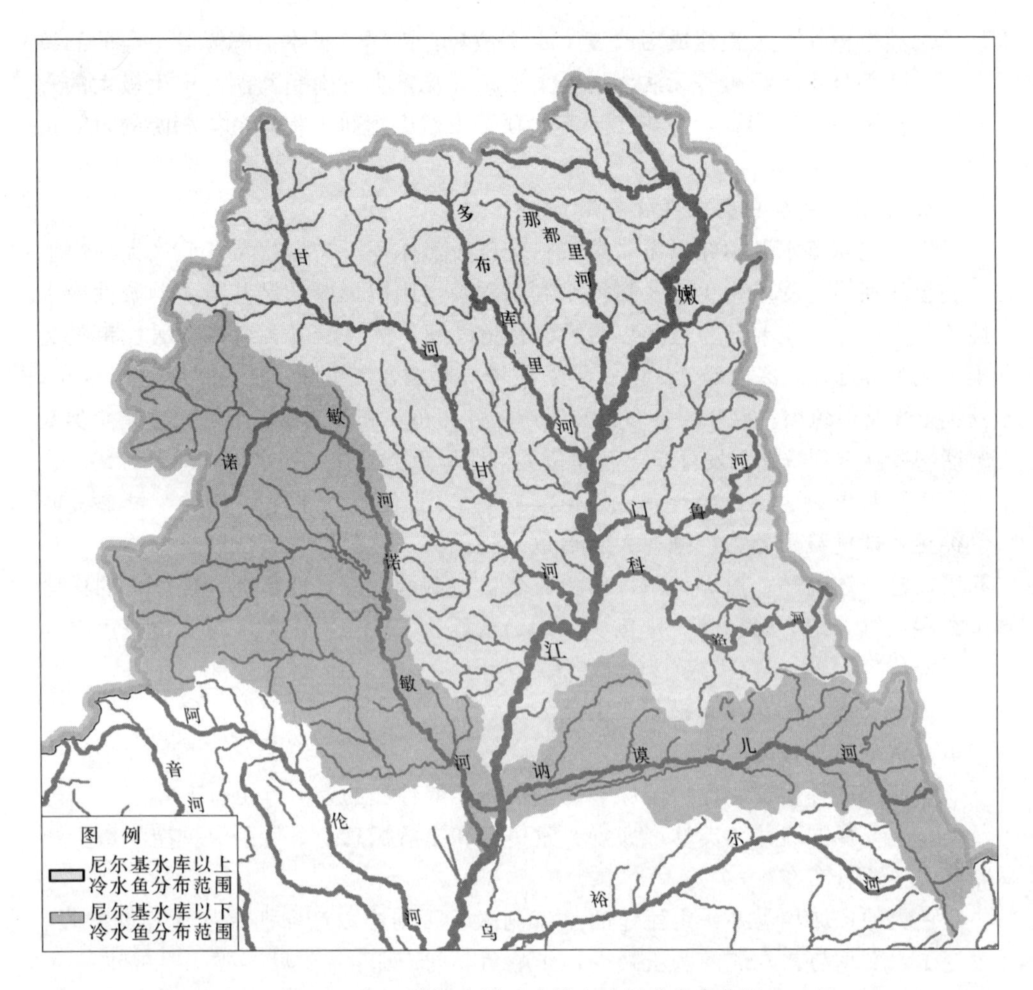

图 2.1-19 嫩江上游冷水性鱼空间分布变化图

由海洋进入江河，在江河下游越冬，翌年 5—6 月溯至上游产卵繁殖。

大麻哈鱼等溯河洄游性鱼类只在松花江汤旺河口以下出现，日本七鳃鳗（溯河洄游）只能洄游至松花江干流大顶子山水电站下游。大麻哈鱼、日本七鳃鳗等洄游性鱼类产卵场要求水质澄清、水流较急，大麻哈鱼产卵场要求水温 5～7℃、底质为石砾，水深 1m 左右；而日本七鳃鳗要求水温 13～16℃、沙砾底质。

水库大坝会对鱼类的洄游造成阻隔，使得溯河洄游的鱼类无法洄游至产卵场或栖息生境。对于单个水库大坝的阻隔可采用阻隔指数 I_s 计算。

$$I_s=1-\frac{L_s}{L_h} \tag{2.1-9}$$

式中：L_s 为目前鱼类的洄游距离；L_h 为历史上记载鱼类的洄游距离。

松花江干流属于平原性河流，水利工程较少，已建成的大型水利工程仅有大顶子山航电枢纽。工程建成后改变了水文情势，阻隔了日本七鳃鳗等鱼类的洄游通道，使得日本七鳃鳗等无法洄游至上游产卵场产卵，对鱼类洄游产生极大的影响。依据阻隔指数计算，松花江干流大顶子山航电枢纽工程对鱼类洄游的阻隔指数为0.6。

3. 中游经济型鱼类生境破碎化

嫩江尼尔基水利枢纽下游、第二松花江丰满水库下游至松花江该区大顶山上水利枢纽河段，受水生生境及拦河水利工程建设阻隔影响，已基本无洄游性冷水性鱼类等分布，主要分布鱼类以唇䱻、花䱻、鲤、鲫、鱥属、鲶等定居性鱼类为主，成为常见种。甚至部分江段由于采砂场等影响，江里除了少量的泥鳅、鲫鱼，基本上无其他鱼类。该江段分布鱼类以产黏性卵鱼类和漂流性卵鱼类为主，鱼类繁殖期需要洪水刺激性腺发育，产漂卵鱼类产卵后鱼类需在足够水流中漂浮孵化。

(1) 水体流速与鱼类产卵。松花江流域20世纪五六十年代鱼类产量最大的十类鱼，即优势鱼类为：鲤、大麻哈鱼、施氏鲟、达氏鳇、哲罗鲑、细鳞鲑、乌苏里白鲑、翘嘴鲌、黑斑狗鱼等珍稀、名贵、洄游性冷水性鱼类。现如今的优势鱼类为：鲤、鲢、鳙、鲫、草鱼、泥鳅、黄颡鱼、鳊、大银鱼、乌。优势鱼类发生了变化。

嫩江、第二松花江和松花江干流分别划分了水产种质资源保护区，保护四大家鱼、黄颡鱼等，见附图6。

这些水产种质资源保护区保护的鱼类有产黏性卵的鱼类，也有产漂流性卵的鱼类。主要保护这些鱼类的产卵场、索饵场和自然栖息地。特别保护期为鱼类产卵期，主要分布在4—7月。

鱼类的产卵均需要一定流速的水流刺激，否则难以产卵。水库大坝的建设，改变了水文情势，水流的刺激减少，影响鱼类的产卵。

这些鱼类产卵的时期和水文情势的改变有很大的相关性。因此，可以用水文改变度来表征河湖连通受阻对鱼类产卵的影响。

(2) 水体流动距离与鱼卵孵化。对于漂流性卵的鱼类，鱼苗的孵化过程需要一定的水流速度。如草鱼，其漂流性卵需要在江面上漂浮几十公里才能孵化成鱼苗。但是当流速减小到一定程度后，鱼卵便会沉到江底腐烂，不能孵化成鱼苗。由于河流建坝导致水的流速和水温降低，一级鱼卵漂流行程过短，青鱼等的天然产量已大为减少。第二松花江丰满水库以下有众多的塘坝，鱼卵漂流距离过短还未形成鱼苗，或者是鱼卵漂流速度降低，鱼卵下沉由于缺氧而导致鱼卵无法孵化，鱼类资源量受到很大的影响。河流及闸坝障碍物阻隔示意图见图2.1-20。

河流水生生境对鱼类生存极其重要，生境的破碎化是指由于自然或人为干扰导致河流由简单到复杂的过程。破碎化程度越高，河流片段越多，河流片段长度

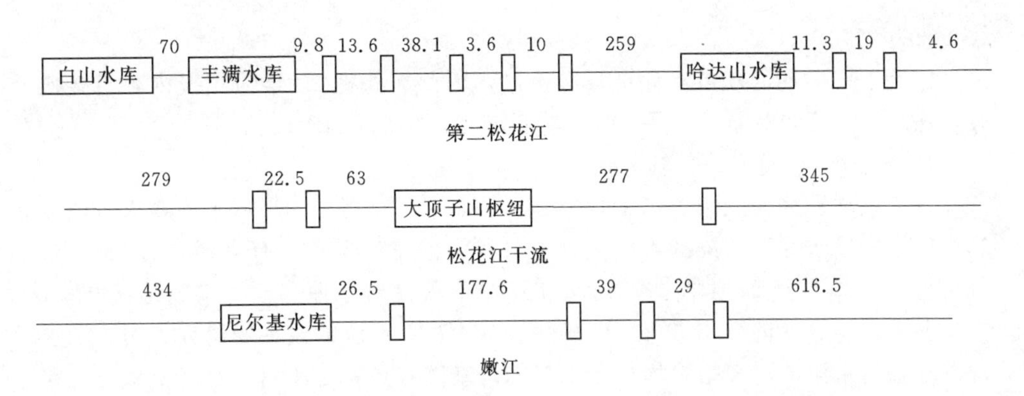

图 2.1-20 河流及闸坝障碍物阻隔示意图（单位：km）

越短，边缘效应增加，内部物种越少。

水生生境破碎度的计算公式为

$$C=\frac{100\sum n_i}{L}$$

式中：C 表示水生生态破碎化程度；$\sum n_i$ 为所有河流片段的总个数；L 为河流的总长度。

计算得到嫩江的破碎度为 0.58，第二松花江为 1.46，松花江干流为 0.64。由此可知，第二松花江的生境破碎化程度非常高，已经严重影响了鱼类的生境，对鱼类的生存繁殖等非常不利。

2.1.6 水环境变化分析

松花江流域水质监测工作从 1972 年开始有存档记录，均为个别水质监测站点的水质数据汇总，水质数据不完整、不系统，无法说明流域整体水质情况。松辽流域水环境监测中心从 1990 年左右开始编制《松辽流域地表水资源质量年报》，年报汇总每年水质站点的数据，并进行评价、分析。本次水环境变化分析共收集了 1991—2013 年共 23 年的《松辽流域地表水资源质量年报》，总结整理松花江流域近年水环境变化情况。

水环境监测是一个从无到有，逐步规范的过程。水环境监测方法方面，1972—1983 年，按照当时水利电力部环境保护办公室主编的《水质监测暂行办法》（修改稿）进行；1984—1997 年，采用的是当时水利电力部颁布的《水质监测规范》（SD 127—84）；1998 年之后，采用的是《水环境监测规范》（SL 219—98）。

水质评价标准方面，1991—1995 年，采用《地面水环境质量标准》（GB 3838—83）；1996—2001 年，采用《地面水环境质量标准》（GB 3838—88）；2002—2013 年，采用《地表水环境质量标准》（GB 3838—2002）。

水资源质量评价方面，2007 年之后采用《地表水资源质量评价技术规程》

(SL 395—2007)。

因为不同时期的规范和评价标准不同，因此无法把 23 年的年报内容直接比较。按照水质评价标准的不同，把 23 年分成 4 个不同的阶段。

1. 第一阶段：1991—1995 年

本阶段水质分为五级。其中，三级水质属于防止污染的最低水质要求，四级和五级水质属于受到污染的水体。这个阶段，松花江受有机有毒污染相当严重。资料表明，20 世纪 80 年代初，松花江江水中可检出各种有机污染物达 360 种，其中明显致癌、致突变物、可疑致癌物有数十种。系统的致突变研究表明，江水及以江水为水源的自来水，均显示出对细菌基因有致突变作用；对江中鱼类的致突变实验还表明，鱼对有机毒物具有高度富集作用。根据吉林市、哈尔滨市恶性肿瘤与饮用水污染关系的多因素分析，二松扶余江段、松花江肇源江段沿岸居民恶性肿瘤死亡与饮用松花江水和食用江鱼有关。

根据中国科学院长春地理研究所等单位的实地监测和研究结果表明，松花江汞污染相当严重。沿岸居民因食用受甲基汞污染的鱼，人体健康受到危害，经医院检查发现，在头发、血液和尿液中汞含量很高。污染区主要集中在吉林、扶余、肇源段。1985 年以来，经过对汞污染源的治理，含汞污水的排放基本得到了较好的控制，但江河底质中的沉积汞依然是一个次生污染源。

1991—1995 年，松花江流域水质呈现明显的有机污染特点，主要超标污染物：挥发酚、汞。嫩江水质最好，一般为一至二级，第二松花江上游丰满水库水质良好，是工农业生产和城镇居民生活的良好水源。江水流经吉林市后，受到严重污染，丰、枯水期均有水质项目超标，主要水污染项目为氨氮和化学需氧量。扶余段枯水期水质较差，二松的几个主要支流饮马河、伊通河和辉发河均受到有机污染，其中饮马河上游石头口门水库，全年五次监测，均出现水质超标，特别是重金属和金属六价铬、铜，对饮用水产生较大影响。

松花江干流水质污染重点河段为哈尔滨江段，丰水期挥发酚超标较为普遍。主要支流呼兰河、汤旺河水质受到有机污染，全年均有水质超标项目，牡丹江在敦化段水质为四至五级，水质超标项目是挥发酚、氨氮和化学需氧量。1993 年春，因嫩江、松花江枯水期有机污染严重，发生大批死鱼事件。

2. 第二阶段：1996—2001 年

本阶段水质分为Ⅰ类～劣Ⅴ类共 6 类，松花江流域有机污染仍然很严重，超标污染物：氨氮、高锰酸盐指数、五日生化需氧量、溶解氧、挥发酚、总汞。松花江干流水质好于支流，枯水期水质优于丰水期。

嫩江丰水期水质好于枯水期，水体主要污染物是总汞、高锰酸盐指数、五日生化需氧量。

1996—1999 年嫩江水质较好，其次是第二松花江，松花江干流水质较差。

第二松花江沿途有吉林市、松原市、伊通市、长春市及辉南县等，由于这些城市排污量大，城市下游水质较差，除丰满水库、新立城水库、石头口门水库水质较好外，其他各江段在枯水期均受到不同程度的污染，仍以有机污染为主。

2000—2001年，第二松花江水质较好，其次是嫩江，松花江干流水质较差。

3. 第三阶段：2002—2006年

本阶段水质分为Ⅰ类～劣Ⅴ类共6类，松花江流域有机污染物消失，主要污染物为：氨氮、高锰酸盐指数、五日生化需氧量。2002—2006年，松花江流域水质有逐步恶化趋势。第二松花江水质较好，其次是嫩江，松花江干流水质最差。

2005年11月13日下午13点40分，吉林市中石油石化公司双苯厂苯胺装置发生严重爆炸着火事故，因产生装置爆炸过程中原材料泄露以及消防灭火用水，使污染物沿吉化公司东10号排水管线排入第二松花江，汇入松花江，造成重大污染。

2006年8月21日凌晨，吉林省蛟河市境内的吉林长白山精细化工有限责任公司，在异地处理生产废液运输途中，将含有二甲基苯胺的废液倾入牤牛河中，致使牤牛河2～5km的河段受到污染。后事故得到有效控制。

4. 第四阶段：2007—2013年

本阶段采用《地表水环境质量标准》（GB 3838—2002）和《地表水资源质量评价技术规程》（SL 395—2007），是流域水资源评价最细致、最规范的时期。2007—2013年，流域水质明显有所改善。

5. 松花江流域逐年水质变化分析

从1996年开始有Ⅲ类水质河长占比这个参数，之后的年报都保留了这一评价参数，因此，把这个参数作为评价松花江流域水质整体演变规律的参数。特别是2002年以后，统一采用《地表水环境质量标准》（GB 3838—2002），Ⅲ类水质河长占比标准一致，具有可比性。

从表2.1-9和图2.1-21可见，松花江流域在2002—2006年水质小幅度恶化，2006年达到最差，从2006年之后水质逐步改善，在2009年有小幅度波动，但是总体趋势仍然是改善。

表2.1-9　　2002—2013年松花江流域Ⅲ类水河长占比统计　　%

年份	2002	2003	2004	2005	2006	2007	2008	2009	2010	2011	2012	2013
全年	54.7	53.7	43.1	45.4	38.0	51.4	52.5	46.7	55.9	62.2	58.1	63.0
汛期	49.6	48.5	45.3	35.8	25.2	43.4	39.0	31.6	49.6	44.4	52.5	45.1
非汛期	63.1	65.5	44.9	45.0	46.7	50.2	56.5	50.6	56.8	62.1	53.1	71.4

6. 松花江流域不同河段逐年水质变化分析

松花江流域内的嫩江、第二松花江、松花江干流河段，水质逐年变化情况见

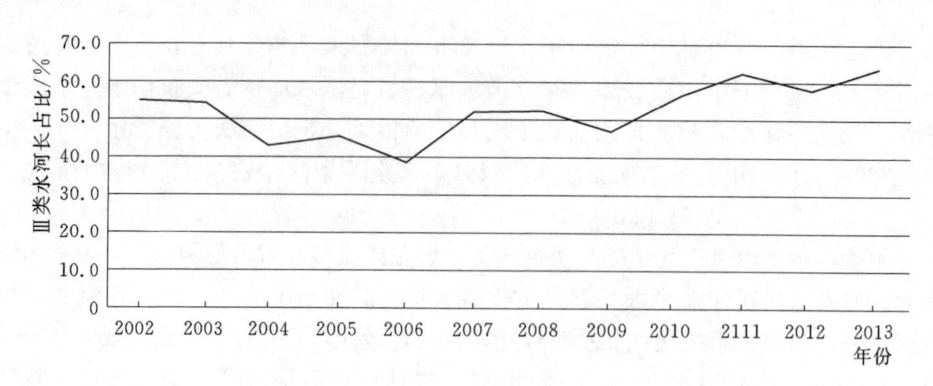

图 2.1-21　2002—2013 年全年Ⅲ类水河长占比曲线图

表 2.1-10 和图 2.1-22。从图 2.1-22 和表 2.1-10 可以看出，从 2002—2013 年间，第二松花江水质明显优于嫩江，优于松花江干流。

表 2.1-10　　松花江流域不同河段逐年水质变化情况　　%

河段＼年份	2002	2003	2004	2005	2006	2007	2008	2009	2010	2011	2012	2013
嫩江	77.0	60.7	51.0	55.4	43.8	63.5	46.7	41.2	56.2	65.3	56.6	64.7
第二松花江	88.6	75.7	44.0	61.2	51.1	53.6	62.4	53.8	57.3	60.6	59.5	61.1
松花江干流	23.2	38.0	35.4	26.9	25.1	38.2	52.1	49.6	54.8	59.8	58.8	62.4

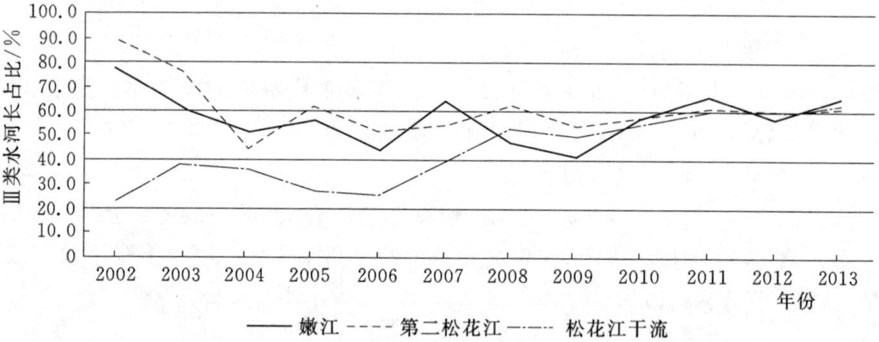

—— 嫩江 ---- 第二松花江 -·-·- 松花江干流

图 2.1-22　不同河段 2002—2013 年Ⅲ类水河长占比曲线图

从同一河段的逐年水质变化来看，嫩江在 2002 年水质最好，2009 年水质最差，2009 年后有所改善，但是没有达到 2002 年的水平。

第二松花江 2002 年水质最好，2004 年水质最差，2004 年之后水质不断改善，但是没有达到 2002 年的水平。

松花江干流从 2002—2013 年水质逐年改善，在 2002—2006 年有小幅度波动，但是整体趋势仍然是改善。

松花江处于东北地区境内，东北三省作为国家级工业基地，以其能源、原材料、机械装备、化工、森工和军工等门类齐全的工业体系，在我国工业发展史上作出了巨大贡献。至今东北依然是我国重要的石油化工、钢铁、机床、汽车、船舶和飞机制造基地。以自然资源开采为主导产业的传统经济发展模式导致了松花江流域的水质污染问题。松花江流域水质空间分布见附图 7。从松花江流域水质的空间分布来看，支流污染重于干流。第二松花江污染最严重的支流是伊通河；松花江干流污染最严重的支流是阿什河。第二松花江的水质污染主要是由工业废水排放引起的，嫩江的水质污染中面源污染的占比较高。

7. 小结

从 1991—2013 年的水质情况可以看出，松花江流域 2001 年之前以有机污染为主，主要超标污染物有：汞、挥发酚、石油类等。流域污染情况比较严重。2002—2013 年有机污染情况明显改善，重金属不再超标，水质整体情况有逐步改善趋势。

2001 年之前，松花江三个河段中嫩江的水质最好。从 2002 年以后，第二松花江的水质最好。松花江干流水质 2002—2013 年明显持续改善。

松花江流域内的重点城市，如：吉林市、长春市、齐齐哈尔市、哈尔滨市等，河流在流经上述重点城市段后水质受到明显污染，应该进一步加大对重点城市的污水治理力度。

2.2 湖泡湿地变化分析

2.2.1 湖泡的变化分析

2.2.1.1 湖泡的面积变化分析

根据《松嫩平原与水相关湿地萎缩、盐渍化、沙化遥感调查》1980 年、2000 年湖泡分布图和 2015 年的遥感解译结果（委托中国科学院东北地理与农业生态研究所解译）可知，1980—2015 年松花江流域湖泡面积发生较大的变化，见图 2.2-1。

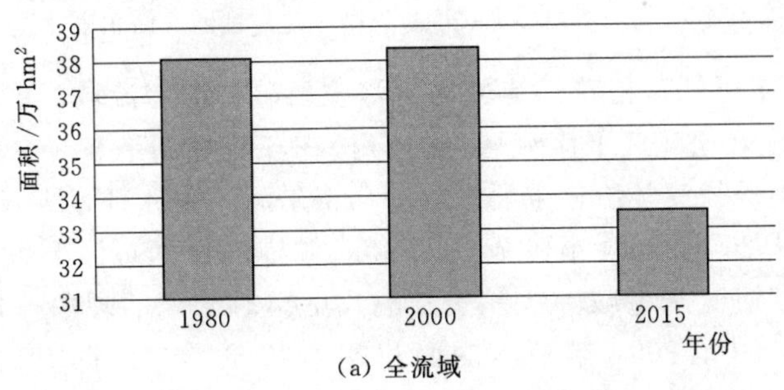

(a) 全流域

图 2.2-1(一)　1980—2015 年松花江流域湖泡面积变化图

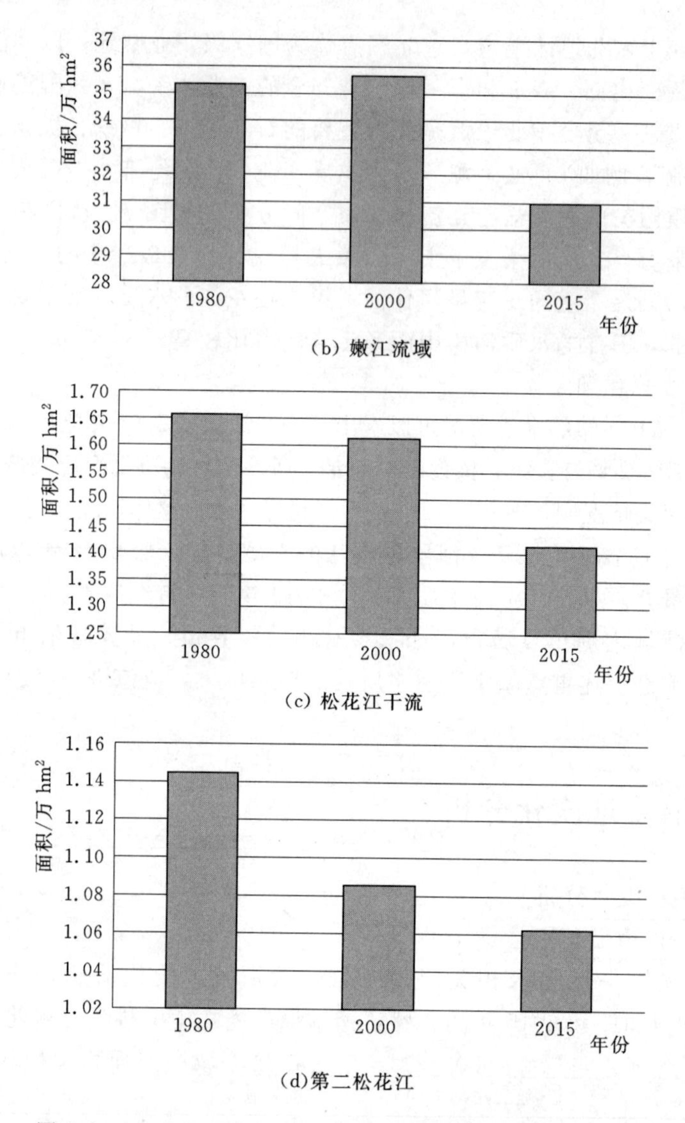

(b) 嫩江流域

(c) 松花江干流

(d)第二松花江

图 2.2-1(二)　1980—2015 年松花江流域湖泡面积变化图

从图 2.2-1 可知，松花江流域内湖泡主要分布嫩江流域，占全流域湖泡总面积的 90%以上，松花江干流流域和第二松花江流域湖泡较少。湖泡的水源依赖湖面降水和地表径流补给，主要水源为乌裕尔河、霍林河等河流以及湖泡周围的沼泽湿地。从 20 世纪 80 年代至 2015 年，湖泡的面积总体上呈下降趋势，由于降雨量、入湖河流水量减少，一些湖泡几度出现干湖的现象。1980—2015 年减少了 13%。其中，2000 年湖泡的面积基本和 80 年代的面积相当，是由于 1998 年嫩江洪水，湖泡被灌满，而 2000 年之后湖泡面积减少很多，是因为 2000 年之后松花江流域干旱少雨，河水很少泛滥，河流湿地与湖泡之间的连通性遭受破坏，不能补给湖泡，湖泡蒸发所致。随着北部引嫩、南部引嫩、哈达山引水、吉林西部河湖连通等一些河湖连通工程的建设，湖泡水量得到补给，一些湖泡得以恢复，但是一些小的湖泡由于没有水源补给，加之围垦造田等人为干扰，湖泡萎缩甚至干涸，例如河神滩泡、茂兴湖都已开垦成耕地，平安泡变成了盐碱地。

2.2.1.2 湖泡与河流连通情况

松花江流域内的大中型湖泡除与嫩江、第二松花江和松花江干流有补排关系的湖泡属于吞吐型湖泡外，其余大部分属于闭流型微咸水湖，主要分布在松嫩平原，这类湖泊的成因多与近期地壳沉陷、地势低洼、排水不畅和河流的摆动等因素有关，湖水依赖湖面降水和地表径流补给。由于降雨量的减少，乌裕尔河和霍林河上游水利工程的建设，松嫩平原的湖泡补水量减少，一些湖泡几度出现干湖的现象。随着北部引嫩、南部引嫩、哈达山引水、吉林西部河湖连通等一些河湖连通工程的建设，给这些湖泡补水，湖泡得以恢复。

在59个大中型湖泡中，有24个湖泡已建或即将建设河湖连通工程，见表2.2-1。这些河湖连通工程的建立对松花江流域的湖泡生态起到了积极的作用，保障了湖泡的生态需水。使得这些湖泡在气候干旱化的大背景下不至于萎缩、退化甚至消亡。

表2.2-1　　松嫩平原湖泡连通情况

序号	湖泡名称	补给河流	下泄河流	河湖水流连通性	河湖连通工程
1	波罗泡子	2条溪流	无	差	吉林西部河湖连通
2	老江身泡	2条小河	安肇新河	较差	—
3	中内泡	安肇新河	安肇新河	一般	北部引嫩
4	七才泡	安肇新河	安肇新河	一般	—
5	库里泡	安肇新河	安肇新河	一般	—
6	大布苏湖	大布苏沟	无	差	—
7	道字泡	地下水	无	差	—
8	新庙泡子	第二松花江	查干泡	差	哈达山引水
9	青肯泡	东湖水库	肇兰河	差	—
10	哈达泡子	二龙涛河	二龙涛河	差	—
11	八里泡	富来泡、安达市化工厂退水	—	差	—
12	泰湖	宏胜水库	嫩江	较差	—
13	十三泡	霍林河	无	差	—
14	张家泡	霍林河	无	差	哈达山引水
15	鸿雁泡	库勒河	嫩江	较差	—
16	镜泊湖	牡丹江、尔站河、石头甸子河、松液河	牡丹江	较好	—

续表

序号	湖泡名称	补给河流	下泄河流	河湖水流连通性	河湖连通工程
17	西大海	南部湖沼小泡群	无	差	南引水库
18	时雨大泡子	嫩江	嫩江	较差	—
19	喇嘛寺泡子	嫩江	嫩江	较差	—
20	大汀	嫩江	嫩江	较差	—
21	大库里泡子	嫩江	嫩江	较差	—
22	大金泡	嫩江	嫩江	较差	—
23	五大连池	石龙河	讷谟尔河	较好	—
24	北二十里泡	双阳河、安肇新河	安肇新河	好	北部引嫩
25	跃进泡	松花江支流大通河	松花江	较差	—
26	它拉红泡	洮儿河	无	较差	—
27	小西米泡	洮儿河	无	较差	幸福干渠
28	红石湖	头道松花江、松江河、珠子河、那尔轰河、二道松花江	第二松花江	好	—
29	南山湖	乌裕尔河	连环泡	较差	—
30	德龙泡子	乌裕尔河	无	较差	—
31	七家子泡	乌裕尔河	无	较差	有泄洪闸
32	龙虎泡	乌裕尔河	嫩江	较差	中部引嫩
33	北琴泡子	乌裕尔河	无	较差	—
34	西碱泡子	乌裕尔河	无	较差	—
35	铁哈拉泡	乌裕尔河	无	较差	和月饼泡连通
36	那什代泡子	乌裕尔河	无	较差	—
37	牙门喜泡	乌裕尔河	无	较差	和嫩江连通
38	敖包泡子	乌裕尔河	无	较差	和嫩江连通
39	扎龙湖	乌裕尔河	无出流	较差	北部引嫩
40	阿木塔泡	乌裕尔河	嫩江	较差	和嫩江连通
41	月饼泡	乌裕尔河、双阳河	嫩江	较差	和铁哈拉泡连通
42	克钦湖	乌裕尔河支流九道沟子	乌裕尔河支流九道沟子	较差	—
43	东大海	新华电厂冷却水	西大海	较差	—
44	查干湖	引松渠道、望海涝区灌溉退水、长山热电厂和长山化肥厂	嫩江	较好	引松渠道
45	塔利滨泡	引周围泡子来水	排往油田区	差	—
46	洋沙泡	沼泽湿地	无	好	引嫩入白

续表

序号	湖泡名称	补给河流	下泄河流	河湖水流连通性	河湖连通工程
47	牛心套保泡	沼泽湿地	无	较差	幸福干渠
48	花敖泡	周边沼泽湿地	无	差	哈达山引水
49	珍字泡	周边沼泽湿地	无	差	哈达山引水
50	庄头泡	周边沼泽湿地	无	差	—
51	王花泡	—	—	较好	北部引嫩
52	碧绿泡	—	—	较好	北部引嫩
53	马勒盖泡子	—	—	否	—
54	新华湖	—	—	否	—
55	元宝泡子	—	—	差	吉林西部河湖连通
56	敖宝图泡子	—	—	差	吉林西部河湖连通
57	莫波泡子	—	—	差	—
58	利民泡	—	—	差	—
59	龙江湖	—	绰尔河	较差	—

2.2.2　湿地变化分析

2.2.2.1　湿地的面积变化

松花江流域是我国重要的湿地分布区之一。作为松花江流域生态环境的重要屏障，湿地发挥着涵养水源、净化水质、保护生物多样性、调节区域气候等多项重要功能。但近20年来，由于全球气候变化及人类活动的影响，流域内湿地面积出现不同程度的退化、萎缩。目前已有乌裕尔河、洮儿河、呼兰河、霍林河、双阳河和蚂蚁河等多条河流出现断流的现象。

20世纪50年代、1980年和2000年采用《松嫩平原与水相关湿地萎缩、盐渍化、沙化遥感调查》相关数据至2015年松花江流域湿地面积（委托中国科学院东北地理与农业生态研究所解译）统计分析，流域湿地面积发生较大变化，见图2.2-2～图2.2-5。

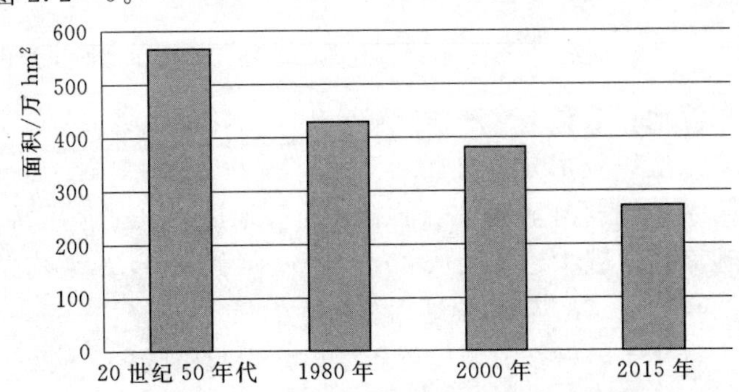

图2.2-2　20世纪50年代至2015年松花江流域湿地面积变化图

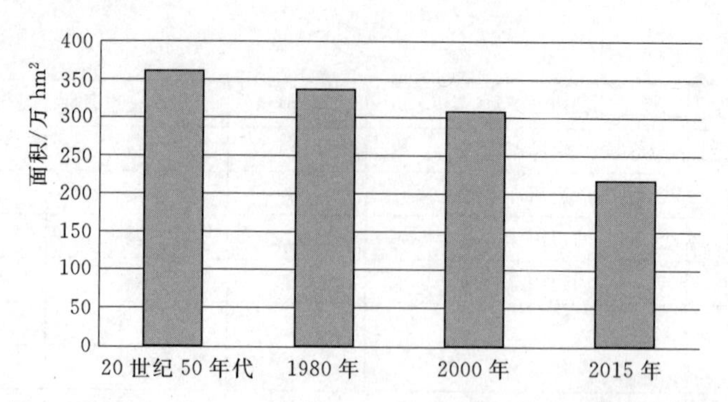

图 2.2-3　20 世纪 50 年代至 2015 年嫩江流域湿地面积变化图

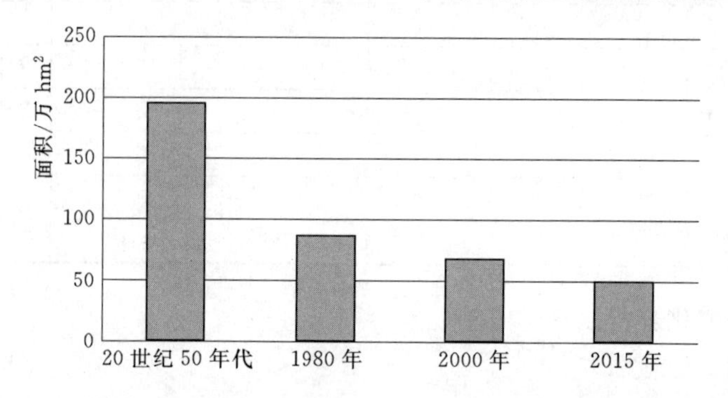

图 2.2-4　20 世纪 50 年代至 2015 年松花江干流流域湿地面积变化图

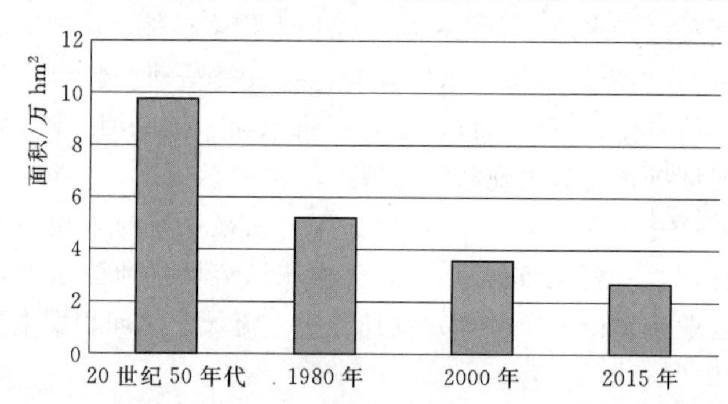

图 2.2-5　20 世纪 50 年代至 2015 年第二松花江流域湿地面积变化图

松花江流域湿地：根据本次解译资料分析，松花江流域的湿地主要分布在江桥以下、尼尔基以上以及尼尔基江桥等地区，其次为哈尔滨至通河、佳木斯以下、三岔河至哈尔滨和通河至佳木斯干流区间等地区，其他地区湿地分布较少。整个流域的湿地面积呈减少趋势，从 20 世纪 50 年代至 2015 年减少约 52%。其中，20 世纪 50 年代至 1980 年间湿地面积减少的最多。

嫩江湿地：近年来，嫩江流域内沼泽湿地面积明显减少。从 20 世纪 50 年代至 2015 年嫩江流域湿地面积减少约为 40%。其中，20 世纪 50 年代至 1980 年减少7%，1980—2000年减少8%，2000—2015年减少25%。嫩江湿地处于持续破坏的状态。

第二松花江：从20世纪50年代至2015年第二松花江流域湿地面积减少约为72%。其中，20世纪50年代至1980年减少47%，1980—2000年减少14%，2000—2015年减少11%。第二松花江湿地的破坏主要发生在20世纪50年代至1980年。

松花江干流：从20世纪50年代至2015年松花江干流流域湿地面积减少约为74%。其中，20世纪50年代至1980年减少55%，1980—2000年减少9%，2000—2015年减少10%。松花江干流湿地的破坏主要发生在20世纪50年代至1980年间。

松花江流域湿地退化主要集中于嫩江及松花江干流区域，第二松花江流域比重相对较低，20世纪50—70年代是流域湿地退化最严重的时期，大面积的湿地转变为农田、林地、草地和盐碱地等；20世纪70年代至2015年流域湿地退化程度逐渐降低，湿地主要退化成草地和盐碱地。由于土地围垦和引水灌溉，尤其是近十几年来，灌溉面积高速发展，流域用水量迅速增加，使得湿地不断被蚕食并萎缩，湿地受到严重威胁。

2.2.2.2 湿地与河流水系连通情况

沼泽湿地的形成、发育与水文条件关系密切，河道周边分布的湿地主要是由河流改道或洪水泛滥所形成的，其形成原因和洪泛作用密切相关。根据分析，河滩沼泽湿地类型主要为河滩洪泛湿地和草本沼泽，其水源主要由河水、湖库水、大气降水等地表水和地下水补给，部分湿地主要依靠地表径流、大气降水等补给。湿地地下水与河流水面基本持平，两者间水力联系密切，随着河流水位涨落，湿地地下水接受地表水补给或者补给地表水。

由于流域水资源开发利用，乌裕尔河、洮儿河、霍林河等水量大幅降低，甚至断流，湿地水源补给降低，流域内分布重要湿地包括扎龙、向海、莫莫格、查干湖、月亮泡等湖泡水位下降，湿地面积均出现不同程度的萎缩，在引松工程、莫莫格湿地补水、向海湿地补水及扎龙湿地补水工程等实施后，湿地生态环境得到改善。流域主要湿地与河流连通性特征见表2.2-2。由表可知，主要的33个湿地保护区中，大部分湿地保护区与地表水之间都有水库、水电站、堤防以及闸坝等的阻隔，且在这33个湿地保护区中只有5个湿地保护区建设有补水工程，使得湿地得以维持，其余湿地与河湖之间均受到不同程度的阻隔，连通性均不好。

2.2.2.3 重要湿地的变化

1. 莫莫格湿地

莫莫格湿地由二龙涛河、洮儿河和嫩江三个水源补给。其中，二龙涛河因图

表 2.2-2　流域主要湿地与河流连通性特征

编号	名　称	位　置	地表水源	河流与湿地是否受到阻隔	已建连通工程
1	扎龙湿地	黑龙江省齐齐哈尔市乌裕尔河尾闾	乌裕尔河、双阳河	双阳河受到双阳水库阻隔，导致双阳河与扎龙湿地的水利联系隔断；乌裕尔受到灌区渠首坝、红卫水库、东升水库的阻隔，导致下泄水量减少	北部引嫩、中部引嫩
2	嫩江源头区湿地	嫩江、松花江的北源	小河	—	—
3	龙江哈拉海湿地	黑龙江省龙江县西北部	龙江县西部山区的10余条小河和甘南县四方山、音河水库	—	—
4	汤旺河湿地	汤旺河流域	汤旺河	—	—
5	乌裕尔河沼泽	黑龙江省齐齐哈尔市及富裕、林甸、泰康、泰来县境内	乌裕尔河	乌裕尔受到灌区渠首坝、红卫水库、东升水库的阻隔，导致下泄水量减少	北部引嫩、中部引嫩
6	拉林河口湿地	哈尔滨市西南部沿松花江和拉林河流域的平原地带、河流谷地及河漫滩上	松花江、拉林河	受到橡胶坝及水库水电站的阻隔，下泄水量减少	—
7	哈东沿江湿地	哈尔滨市道外区东北部	松花江干流	部分湿地受到堤防阻隔	—
8	肇东湿地	西八里、四站、涝洲、东发4个乡镇境内的松花江北岸	松花江干流	部分湿地受到堤防阻隔	—
9	肇源湿地	肇源县西北部嫩江、松花江干流河道与左岸堤防间的河滩地上	嫩江、松花江干流	部分湿地受到堤防阻隔	—
10	富锦沿江湿地	富锦市北部松花江下游南岸	松花江干流	部分湿地受到堤防阻隔	—
11	科洛河湿地	科洛河流域	科洛河	—	—
12	嘟噜河沼泽	黑龙江省萝北县嘟噜河下游地区	嘟噜河河水	—	—
13	梧桐河沼泽湿地	黑龙江省萝北县宝泉岭西北	梧桐河	—	—

续表

编号	名　　称	位　　置	地 表 水 源	河流与湿地是否受到阻隔	已建连通工程
14	龙江七棵树沼泽	黑龙江省龙江县七棵树	—	—	—
15	泰来西南沼泽	黑龙江省泰来县西南	—	—	—
16	大庆水库沼泽	黑龙江省大庆市大庆水库	安肇新河	有水库阻隔	—
17	兴隆泉沼泽	黑龙江省大庆市兴隆泉镇西南	安肇新河	有水库阻隔	—
18	安达北沼泽	吉林省安达市北	安肇新河	—	—
19	昌德镇沼泽	吉林省安达市昌德镇西	肇兰新河	—	—
20	向海湿地	吉林省通榆县向海乡	霍林河、额木太河、洮儿河	霍林河经常断流，额木太河受到水库水电站的阻隔	引洮分洪入向、引霍入向
21	莫莫格湿地	吉林省镇赉县莫莫格乡	嫩江和洮儿河、二龙涛河	二龙涛河受到图牧吉水库的阻隔	引嫩入白
22	龙沼沼泽湿地	吉林省大安市西南部	—	—	—
23	长白山熔岩台地沼泽区	吉林省安图、抚松、长白境内	—	—	—
24	大布苏保护区湿地	吉林省大布苏东北西北湖滨	霍林河	霍林河断流	—
25	查干湖湿地	吉林省前郭尔罗斯蒙古族自治县查干湖西部湖滨	嫩江与霍林河	霍林河断流	哈达山引水工程
26	太平川湿地	吉林省长岭县太平川镇	霍林河	霍林河断流	—
27	小城子湿地	吉林省舒兰市小城镇	呼兰河、溪浪河、卡岔河	有水库阻隔	—
28	新站湿地	吉林省蛟河县新站镇	拉法河	有水库等阻隔	—
29	大山嘴子湿地	吉林省敦化市雁鸣湖镇	牡丹江支流	—	—
30	大石头镇湿地	吉林省敦化市大石头镇	牡丹江支流沙河	有水库阻隔	—
31	黄泥河湿地	吉林省敦化市黄泥河镇	牡丹江支流黄泥河	有水库阻隔	—
32	寒葱沟湿地	吉林省敦化市寒葱沟	牡丹江	有水库阻隔	—
33	三道湖湿地	吉林省靖宇县三道湖镇	头道江河	—	—

牧吉水库的阻隔，下游河道没有水，河道被农田占用，二龙涛河与莫莫格湿地之间处于不连通状态；洮儿河水流域，月亮泡水库与莫莫格湿地之间通过双向闸连通；莫莫格湿地嫩江沿岸通过嫩江的洪水泛滥补给。

“引嫩入白”供水工程是从嫩江干流引水的河道外用水工程，主要是以城市供水、农业灌溉为主，同时兼顾为莫莫格湿地常态补水创造条件的综合利用水利工程。莫莫格湿地与河流之间的连接通道示意图见图 2.2-6。

图 2.2-6　莫莫格湿地与河流水系之间的连接通道示意图

2. 扎龙湿地

扎龙湿地的补给水源为乌裕尔河和双阳河。乌裕尔河与扎龙湿地之间的连接通道较为畅通，而双阳河由于双阳水库的阻隔作用，双阳河双阳水库下游段几乎断流，河道几乎不存在了，被农田占用。为改变扎龙湿地萎缩退化的现象，建设了黑龙江省中部引嫩工程，2001 年 7 月，国家正式启动扎龙湿地补水。扎龙湿地与河流水系之间的连接通道示意图见图 2.2-7。

3. 向海湿地

向海湿地自然保护区的补给水源有霍林河和额木特河，洪水期还有洮儿河的

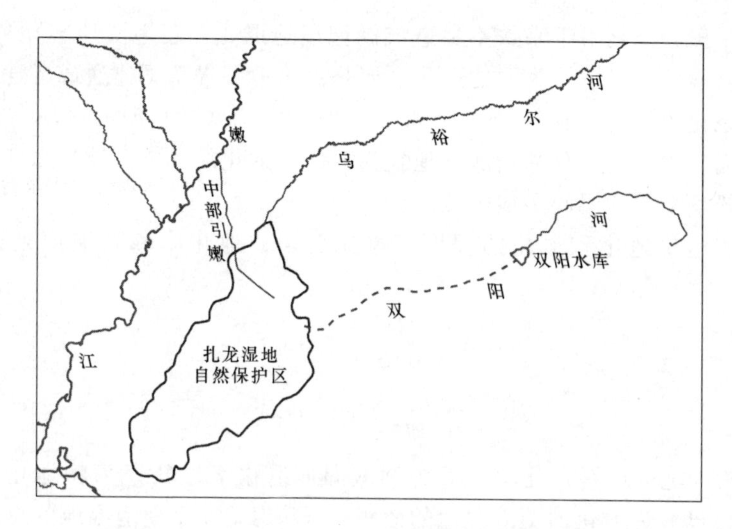

图 2.2-7　扎龙湿地与河流水系之间的连接通道示意图

洪水分流补给。由于上游用水量的增加、降雨量小、蒸发量大、上游大青山水库和牤牛海水库的阻隔等原因，额木特河出现了断流，河流下游河道盐碱化，额木特河与向海湿地之间的水系连通差。霍林河向海湿地上游有霍林河水库、翰嘎利水库等阻隔，再加上霍林河处于半干旱地区，干旱少水，属于季节性河流，霍林河经常处于断流的状态，霍林河对向海湿地的补给能力也很弱。为了保护向海湿地的自然生态环境，1971 年建成了引洮分洪入向工程，将洮儿河和向海湿地连通；2005 年又建成了引霍入向工程，将霍林河与向海水库直接连通。向海湿地与河湖水系之间的连接通道示意图见图 2.2-8。

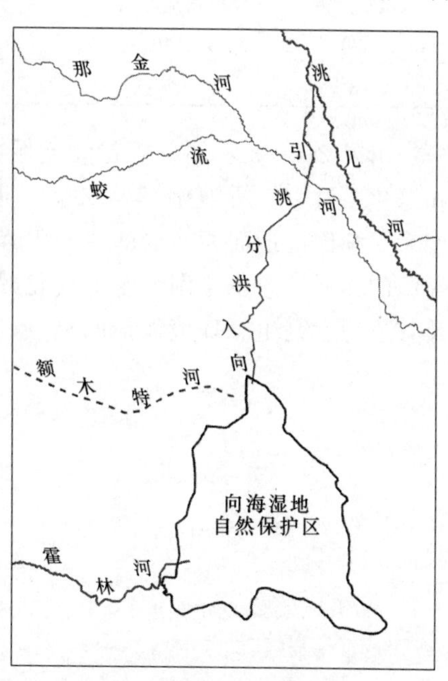

图 2.2-8　向海湿地与河湖水系之间的连接通道示意图

2.2.3　湖泡湿地减少去向分析

松花江流域内湿地、湖泡面积减少，湿地萎缩、退化严重，影响野生动植物的生存和发展，对生态环境造成严重的影响。通过委托中国科学院东北地理与农业生态研究所对 20 世纪 50 年代和 2015 年的土地利用图进行叠加，统计得出了湖泡湿地的去向。

湖泡湿地面积减少，一是人类开荒种地，耕地化的结果，将湖泡湿地直接开垦成了水田和旱田，二是由于来水不足造成湖泡湿地退化，湖泡湿地转化成了草地、盐碱地或是沙地。可以认为湿地退化主要是由于河湖水系不连通或者连通不畅造成的。耕地化主要发生在松嫩平原和三江平原内，靠近水源的区域，且比较集中，斑块面积大；而退化的湖泡湿地较为零碎，退化的主要区域是嫩江流域，嫩江源头和松嫩平原的尾闾湿地区域。

为了表达耕地化和退化的程度，本文引入耕地化率和湖泡湿地退化率的概念。

$$G=\frac{HS_g}{HS}\times 100\% \tag{2.2-1}$$

$$T=\frac{HS_t}{HS}\times 100\% \tag{2.2-2}$$

式中：G 为湖泡湿地耕地化率；T 为湖泡湿地退化率；HS_g 为耕地化的湖泡湿地的面积；HS_t 为退化的湖泡湿地的面积；HS 为基准年湖泡湿地的总面积。

通过以上计算方法，结合松花江流域湖泡湿地的土地利用遥感解译结果，采用叠图法，计算出松花江流域湖泡湿地耕地化和退化率统计情况见表2.2-3。

表2.2-3　　松花江流域湖泡湿地耕地化和退化率统计情况

减少面积/km²	耕地面积/km²	退化面积/km²	耕地化率/%	退化率/%
28588	18011	10432	63	36.5

由表2.2-3可知，松花江流域内湖泡湿地面积减少，99.5%发生了耕地化和退化，其中，耕地化率为63%，退化率为36.5%。人类对湖泡湿地的开发力度大是湖泡湿地面积减少的主要因素，而由于人类活动导致的湖泡湿地与地表水资源的连通性差也是湖泡湿地退化的主要原因。因此，退耕还湿和保护水资源以及其连通性是生态环境保护的重点。

第3章　松花江流域河湖水系变化影响因素分析

3.1　气候变化

3.1.1　数据处理

1. 数据源及预处理

气象数据来源于中国气象科学数据共享服务网下载的地面气候资料年值数据集，选用位于黑龙江省、吉林省、内蒙古自治区内共25个气象站（均为单轨自动记录数据）1951—2013年的逐年降水量、蒸发量、气温、日照时数数据。由于各站点的建站年代、数据质量存在一定差别，需要根据元数据进行插补延长，方法为：若某站点的降水量缺测或为不合理值，便由附近站点对应年份的降水量通过Kring插值得到，最后建立所有气象站点1951—2013年降水量、蒸发量的时间序列数据集。

2. 气候倾向率

降水量时序数据（$X_1, X_2, \cdots, X_n$）与表示年份顺序的自然数列（$1,2,\cdots,n$）是一一对应的，因此可以将降水时序数据看作自变量，将自然数列看作因变量建立线性回归方程：$y=a+bt$，其中a、b为回归系数，通过最小二乘法计算，将$10b$称为降水量的气候倾向率，单位为mm/10a。

3.1.2　结果与讨论

3.1.2.1　降水量变化分析

松花江流域降雨情况见图3.1-1、附图8和附图9。

在天气系统、海陆位置、地貌特征等多重因素的综合影响下，各区域降水量具有明显的差异性，松花江流域多年平均降水量的取值为450～850mm，在空间主要表现为“东部多西部少，南部多北部少”的变化趋势。降水量较大的区域主

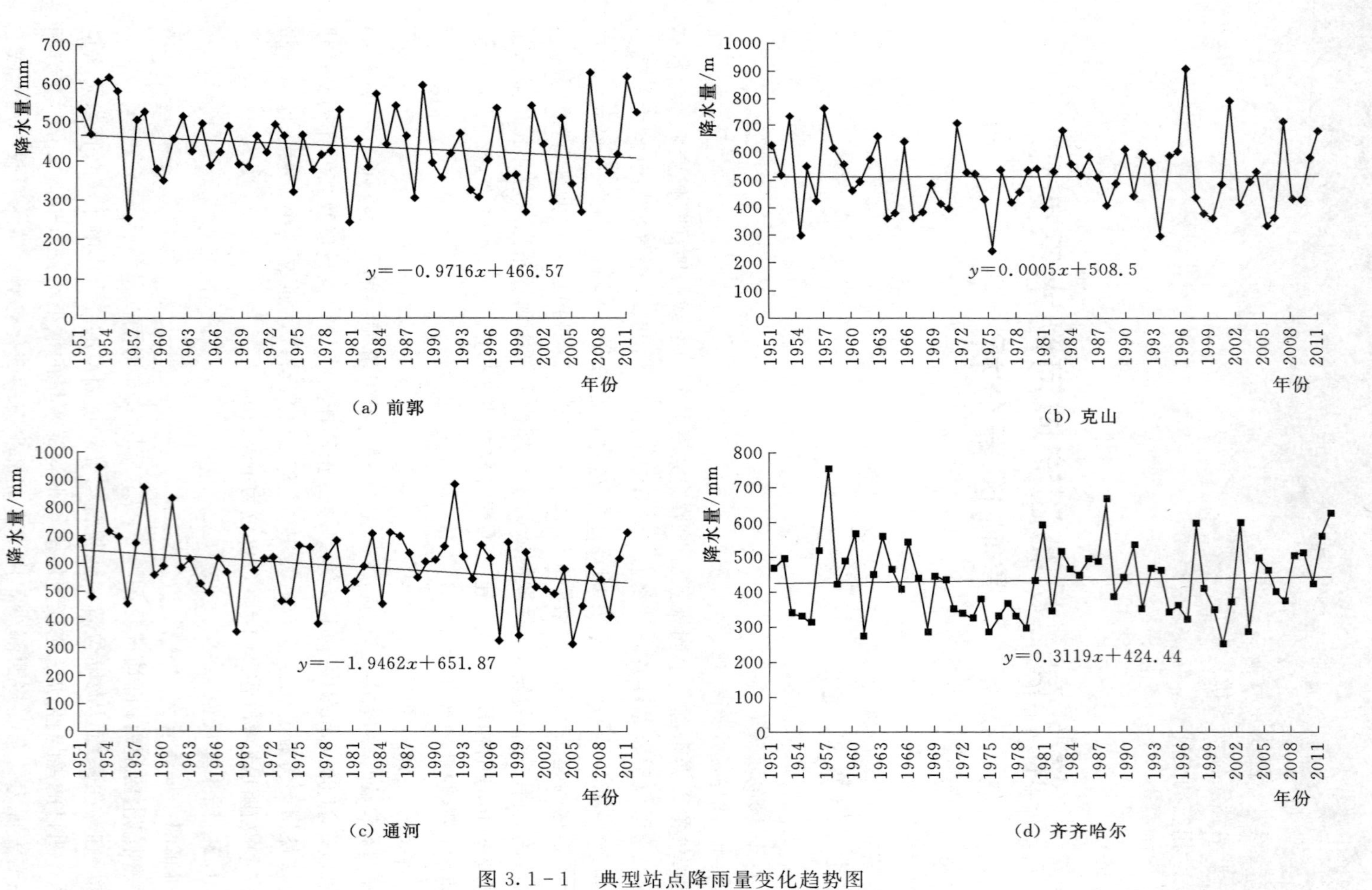

图 3.1-1　典型站点降雨量变化趋势图

要集中在吉林省的长春、四平地区；而降水量最小的区域主要位于内蒙古境内，该区地处沙地地貌、土地盐碱化和荒漠化程度较高，生态环境十分脆弱，同时蒸发量较大、降水量较小，部分地区降雨低于400mm，而400mm等降水线作为反映土地荒漠化最为敏感的指示器之一，它的波动必将引起当地生态体系包括土壤发生相应的变化。

研究中通过气候倾向率分析来表征降水量的变化趋势与增减幅度，气候倾向率的正负代表着降水量的变化趋势，正号表示降水量在总体上表现为增加的变化趋势，负号则相反，零值表示降水量变化不明显。气候倾向率的绝对值大小则反映的是降水量的变化幅度，取值越大说明降水的变化幅度越大。松花江流域降水量基本呈减少的趋势，其气候倾向率取值为－100～10mm/10a，降水量的减少必然会对该区域的林业、农业、牧业生产产生重要影响，尤其在缺水区域，加之气候干旱、蒸发量较大、水质恶化等，对该区域的农牧业发展构成了严重威胁，使该区的土地退化现象更为严重，荒漠化、盐碱化问题突出。

3.1.2.2 蒸发量变化分析

松花江流域蒸发量情况见图3.1-2、附图10和附图11。

区域的蒸发量主要受气候条件、地貌特征、水资源分布等多种因素共同作用，松花江流域多年平均蒸发量的取值为1000～1600mm，在空间上表现为长春市蒸发量最大，而向外呈辐射状减少的变化趋势。因长春市为吉林省省会，城市人口密度大、工业相对集中，其所引起的“热岛效应”导致市区温度相比其他地区高，较高的温度引起较高的蒸发量。

研究中通过气候倾向率分析来表征蒸发量的变化趋势与增减幅度，气候倾向率的正负代表着蒸发量的变化趋势，正号表示蒸发量在总体上表现为增加的变化趋势，负号则相反，零值表示蒸发量变化不明显。气候倾向率的绝对值大小则反映的是蒸发量的变化幅度，取值越大说明蒸发量的变化幅度越大，松花江流域多年平均蒸发量的气候倾向率为－200～800mm/10a，其中，仅有长春、牡丹江地区蒸发量减少，而其余地区蒸发量均呈增加趋势，以嫩江地区蒸发量增加趋势最明显，为600mm/10a。

3.1.2.3 气温变化分析

松花江流域气温变化情况见图3.1-3、附图12和附图13。

松花江流域多年平均气温为1～7℃，可以看出其多年气温分布呈现出“南高北低、东高西低”的变化趋势，气温较高的区域位于吉林省长春市地区，造成该现象主要是因为作为吉林省的省会城市，其较高的人口密度和集中的工业区分布所造成的。而从变化趋势看，基本上整体呈现出增加的趋势，这与人口增加、经济增长、社会发展以及全球气候大环境背景息息相关。

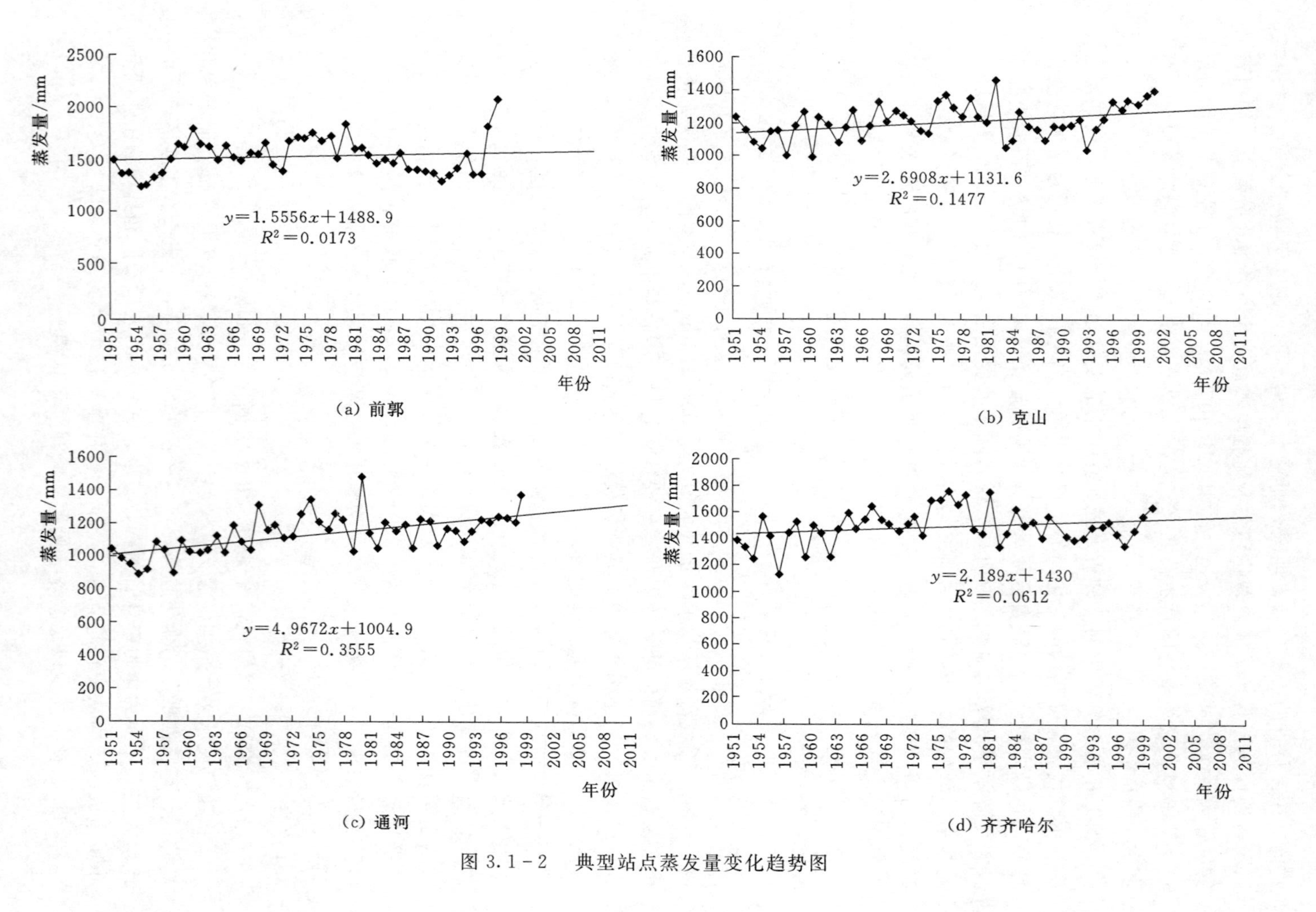

（a）前郭

（b）克山

（c）通河

（d）齐齐哈尔

图 3.1-2　典型站点蒸发量变化趋势图

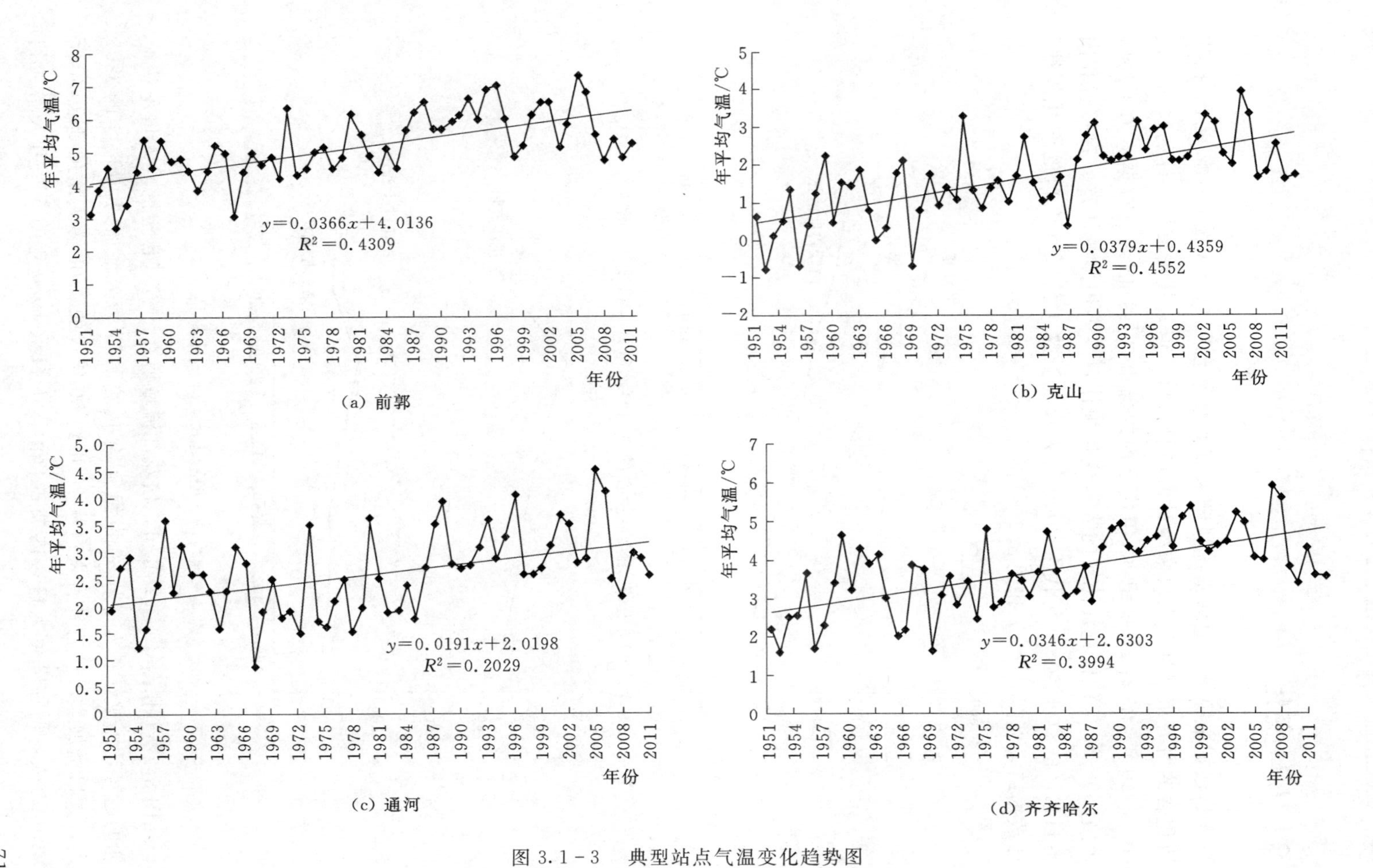

图 3.1-3 典型站点气温变化趋势图

3.2　人口变化

人口数据来源于“地球系统科学数据共享平台”（www.geodata.cn）。按流域所包含的所有市（县）人口数统计流域总人口，但是其按市县统计的时间段仅1980—2010年，没有20世纪80年代之前的分市（县）的人口数据。为了反映20世纪50—80年代松花江流域的人口变化规律，本书用黑龙江省、吉林省和内蒙古自治区的20世纪50年代至2000年人口总数来大致反映人口的变化规律。统计数据结果见图3.2-1和图3.2-2。

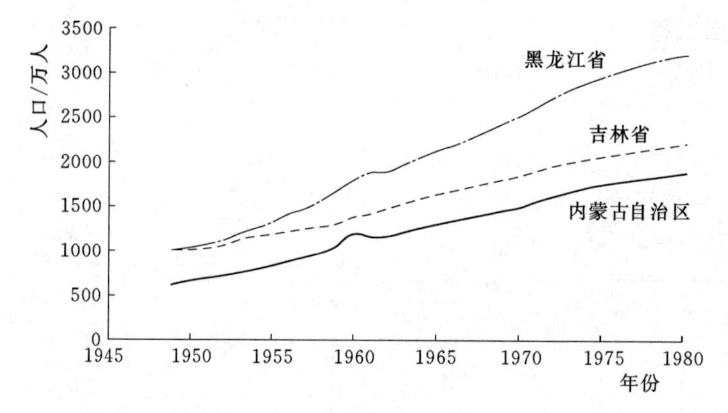

图3.2-1　松花江流域所在的省（自治区）人口变化趋势

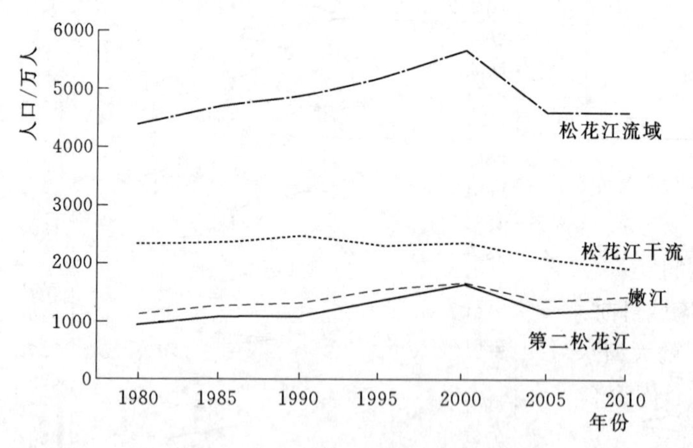

图3.2-2　松花江流域人口统计情况

从图3.2-1和图3.2-2可知，松花江流域所在的省（自治区）人口呈快速增加的趋势，黑龙江省人口从20世纪50年代的1037万人增加到1980年的3203万人，人口增加3倍；吉林省人口从20世纪50年代的1008万人增加到80年代的2210万人，增加2倍人口；内蒙古自治区人口从1950年的660万人增加到

1980年的1876万人，约增加了3倍。由此可以得出松花江流域内的人口从50—80年代人口也增加了约3倍。1980—2000年人口仍处于增长的趋势，2000年之后人口数量呈快速下降趋势。其中，松花江干流从20世纪90年代就开始呈现人口下降的趋势。松花江干流人口数量最多，其次是嫩江，人口数量最少的是第二松花江。

人口的快速增加，对水资源的需求加大。随着社会经济的发展，人们对物质的需要也在增加，粗放的掠夺式的开发方式对水资源和水环境的破坏也在愈加的严重。

3.3 水利工程

3.3.1 水库工程

目前，松花江流域内的水库共有2386座，其中，松花江干流流域有880座，嫩江流域有379座，第二松花江流域内有1127座。松花江流域内水库分布情况见表3.3-1、图3.3-1。其中，第二松花江流域内水库数量最多，其次是松花江干流流域，嫩江流域的水库数量最少。

表3.3-1　松花江流域内水库分布情况

区域		数量/座	库容/万 m^3
按流域	松花江干流	880	1214646
	嫩江	379	1676646
	第二松花江	1127	2297736
按省份	内蒙古自治区	56	225665
	吉林省	1385	2585899
	黑龙江省	945	2377464

松花江流域水库数量由20世纪50年代的30座增加到现在的2386座，水库的总库容也由112亿 m^3 增加至518亿 m^3。库容随时间变化的趋势见图3.3-2。整个流域20世纪90年代至2010年代水库库容增长迅速。

松花江流域目前共有大中型水库共207座，总库容合计492.64亿 m^3。总库容大于1亿 m^3 的大型水库有39个，总库容合计441.54亿 m^3，其中，吉林省有大型水库16座，总库容合计228.02亿 m^3；黑龙江省有大型水库21座，总库容合计198.39亿 m^3；内蒙古自治区有大型水库2座，总库容合计为15.13亿 m^3。总库容在0.1亿 m^3 与1亿 m^3 之间的中型水库有168座，其中，吉林省有中型水库71座，总库容合计19.26亿 m^3；黑龙江省有中型水库82座，总库容合计25.34亿 m^3；内蒙古自治区有中型水库15座，总库容合计6.50亿 m^3。具体见表3.3-2。

3.3.2 水电站

松花江流域内共有水电站数量为132座，装机容量共计4662万kW。水电站分布情况见表 3.3-3 和图 3.3-3。

表 3.3-2　　松花江流域大中型水库分省情况

水库类型＼省份	吉林省		黑龙江省		内蒙古自治区		合　计	
	个数	库容/亿 m³	个数	库容/亿 m³	个数	库容/亿 m³	个数	库容/亿 m³
大型	16	228.02	21	198.39	2	15.13	39	441.54
中型	71	19.26	82	25.34	15	6.50	168	51.10

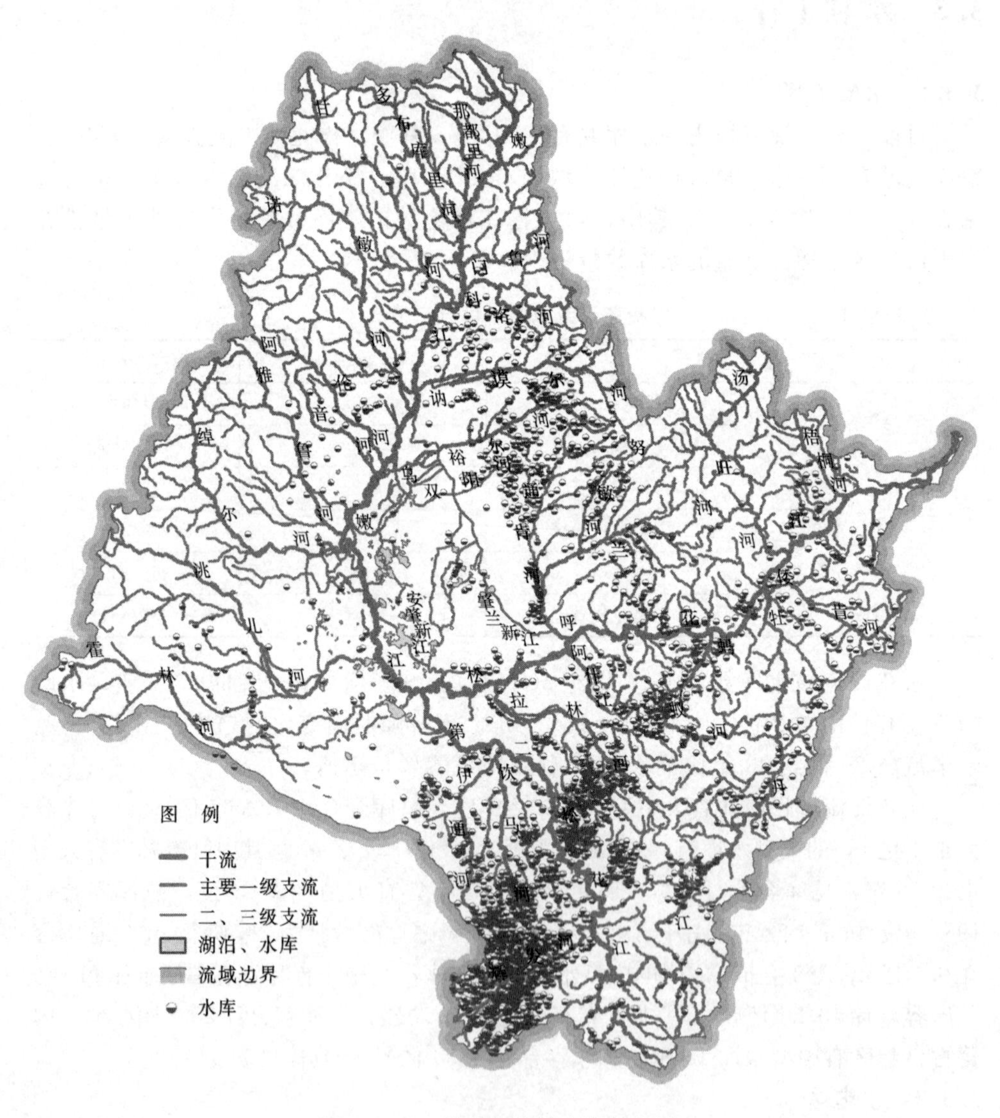

图 3.3-1　松花江流域水库分布图

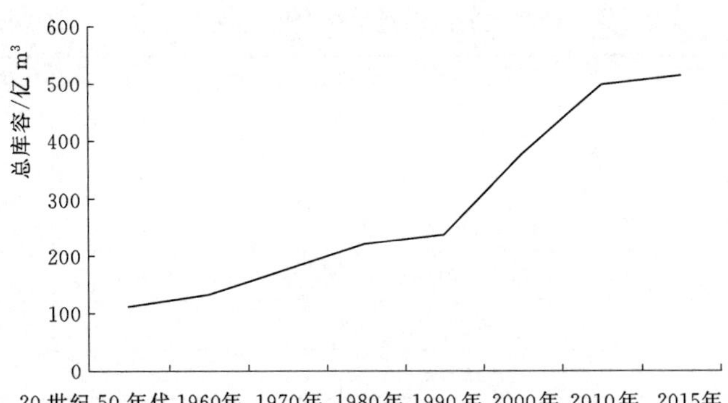

图 3.3-2　松花江流域水库库容增长曲线

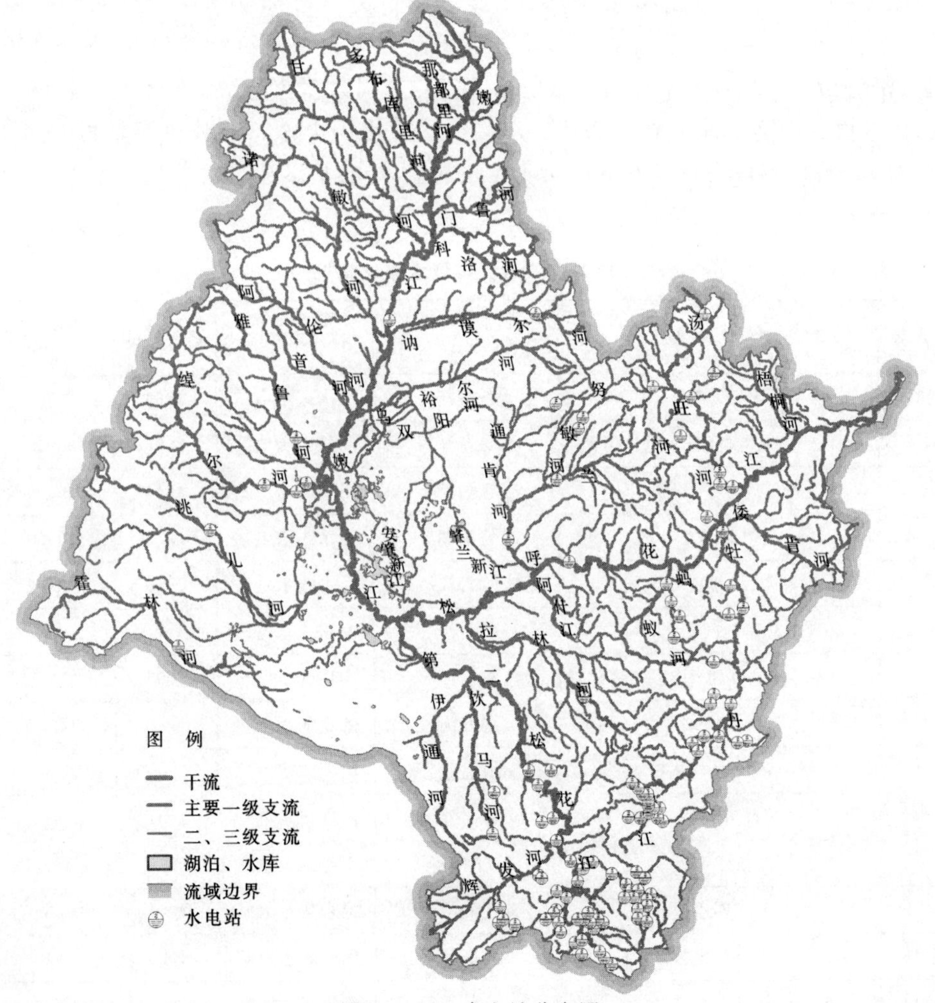

图 3.3-3　水电站分布图

表3.3-3　　松花江流域水电站分布情况统计表

区　域		数量/座	装机容量/万kW
按流域	松花江干流	61	3205
	嫩江	7	279
	第二松花江	65	1178
按省份	内蒙古自治区	5	27
	吉林省	83	3597
	黑龙江省	44	1038

松花江流域目前共有大中型水电站40座，总装机容量为494.21万kW，见表3.3-4。其中，黑龙江省14座，总装机容量为106.63万kW；吉林省24座，总装机容量为385.25万kW；内蒙古自治区2座，总装机容量为2.33万kW。装机容量大于10万kW的大型水电站7座，分别为莲花电站、尼尔基水利枢纽、白山水库、丰满水库、红石水库、双沟电站及小山电站，总装机容量为424.25万kW；装机容量为0.5万～10万kW的中型水电站33座，总装机容量为69.96万kW。

表3.3-4　　松花江流域大中型水电站情况

序号	水电站名称	所在河流（湖泊）名称	水电站类型	建成年份	装机容量/kW
1	晨光发电厂	牡丹江	引水式水电站	1983	12500
2	大顶子山航电枢纽-水电站工程	松花江	闸坝式水电站	2008	66000
3	镜泊湖老厂发电站	镜泊湖	引水式水电站	1943	36000
4	镜泊湖新厂发电站	镜泊湖	引水式水电站	1978	60000
5	莲花电站-水电站工程	牡丹江	引水式水电站	1998	550000
6	牡丹江市三间房水电站	牡丹江	闸坝式水电站		12000
7	尼尔基水利枢纽-水电站工程	松花江	闸坝式水电站	2006	250000
8	庆丰电站	汤旺河	闸坝式水电站		14320
9	山口水电站	讷谟尔河	闸坝式水电站	2000	26000
10	石头电站	牡丹江	闸坝式水电站	1981	7300
11	双桥水电站	三道河子	引水式水电站	2009	6500
12	西山水库水电站	伊春河	混合式水电站		10000
13	永久水电站	汤旺河	引水式水电站	1980	5640
14	云峰水电站	汤旺河	闸坝式水电站	2004	10000

续表

序号	水电站名称	所在河流（湖泊）名称	水电站类型	建成年份	装机容量/kW
15	白山水库-水电站工程	第二松花江	混合式水电站	1992	1800000
16	北江电站-发电二厂	松江河	混合式水电站	2003	8000
17	北江电站-发电一厂	松江河	混合式水电站	1980	12800
18	大兴川电站	第二松花江	混合式水电站		48000
19	丰满水库-水电站工程	第二松花江	闸坝式水电站	1943	1002500
20	枫林水利枢纽-水电站工程	头道松花江	混合式水电站		32000
21	福生水电站	头道松花江	闸坝式水电站		8000
22	光明一期电站	三道白河	引水式水电站	2007	5000
23	哈达山水库-水电站工程	第二松花江	闸坝式水电站		34500
24	黑石水库-水电站工程	牡丹江	闸坝式水电站	1981	6525
25	红石水库-水电站工程	牡丹江	闸坝式水电站	1998	11625
26	红石水库-水电站工程	第二松花江	闸坝式水电站	1986	200000
27	两江电站	第二松花江	混合式水电站	2001	60000
28	龙海电站	珠子河	闸坝式水电站	1970	6250
29	三〇二电站	三道白河	混合式水电站	1974	6500
30	三〇三电站	三道白河	引水式水电站	2008	6000
31	三〇-电站	三道白河	混合式水电站	1989	9000
32	上沟水库-水电站工程	牡丹江	闸坝式水电站	2004	16000
33	石龙电站	松江河	混合式水电站	2010	70000
34	双沟电站	松江河	混合式水电站	2010	280000
35	双河电站	石头河	混合式水电站		12000
36	西金沟电站	第二松花江	闸坝式水电站		48000
37	西崴子水库-水电站工程	牡丹江	闸坝式水电站	1975	9825
38	小山电站	松江河	混合式水电站	1997	160000
39	察尔森水利枢纽-水电站工程	洮儿河	引水式水电站	1989	12800
40	绰勒水利枢纽-水电站工程	绰尔河	闸坝式水电站	2008	10500

3.3.3 堤防工程

松花江干流堤防主要由嫩江干流堤防、第二松花江及松花江干流堤防组成，现状堤防总长2846.830km，其中干堤长2589.300km，回水堤长257.530km。嫩江干流现状堤防总长968.844km，其中干流堤防长880.033km，回水堤长88.811km；第二松花江干流堤防总长490.690km，其中干流堤防长467.090km，回水堤长23.600km；松花江干流堤防总长1387.291km，其中干流堤防长1242.177km，回水堤长145.114km。流域内内蒙古自治区现有堤防长162.780km，其中干堤长132.230km，回水堤长30.550km；吉林省现有堤防长

718.896km，其中干流堤防长681.999 km，回水堤堤防长36.897km；黑龙江省现有堤防长1965.149km，其中干堤1775.071km，回水堤长190.078km。见表3.3-5和附图14。

表3.3-5　松花江流域干流堤防现状情况

省（自治区）	堤防长度/km			
	嫩江干流	第二松花江干流	松花江干流	小　计
吉林省	158.161	490.690	70.045	718.896
黑龙江省	647.903	—	1317.246	1965.149
内蒙古自治区	162.780	—	—	162.780
合 计	968.844	490.690	1387.291	2846.825

松花江流域内城市段堤防长度共计874.86km，主要包括哈尔滨、长春、齐齐哈尔、吉林、佳木斯、牡丹江、松原、乌兰浩特、大庆和伊春等城市河段堤防，见表3.3-6。

表3.3-6　城市段堤防情况

重点城市	主城区防洪能力重现期/a	堤防长度/km
哈尔滨	50～100	99.27
长春	200	56.54
齐齐哈尔	100	98.67
吉林	100	75.12
佳木斯	100	122.96
牡丹江	100	37.85
松原	100	66.91
乌兰浩特	100	42.85
大庆	20～50	242.21
伊春	10～30	32.48
合　计		874.86

松花江流域在治理工程实施后，护岸长度可达到451.663km，其中，嫩江护岸长度为136.086km，第二松花江为141.179km，松花江干流为174.398km。吉林省为217.408km，内蒙古自治区为30.690km，黑龙江省为202.922km。

3.3.4　灌区工程

松花江流域共有大中型灌区457处，共有耕地面积3876.12万亩。其中，控制面积在30万亩的大型灌区共有37处，灌溉面积为2133.83万亩；吉林省有大型灌区13处，控制面积合计为749.61万亩；黑龙江省有大型灌区18处，控制面积合计为867.33万亩；内蒙古自治区有大型灌区6处，控制面积合计为516.90万亩。松花江流域内控制面积在1万～30万亩的中型灌区有420处，控制面积合计为1742.29万亩；其中，吉林省有中型灌区111处，控制面积为

530.12万亩；黑龙江省有中型灌区274处，控制面积为1094.79万亩；内蒙古自治区有中型灌区34处，控制面积为117.39万亩，分布图见附图15。

这些灌区位于河湖水系的边上，依靠闸坝、泵站从河道或水库取水灌溉。

3.3.5 拦河坝

流域内为了灌区灌溉以及城市段景观用水，建设了橡胶坝、混凝土坝等拦水工程共计662个。其中，嫩江流域209个，第二松花江196个，松花江干流257个。这些拦河坝壅高水位，形成水位落差，对鱼类洄游造成阻隔，水文情势改变，对上下游鱼类的交流产生不利的影响。拦河坝分布情况见图3.3-4。

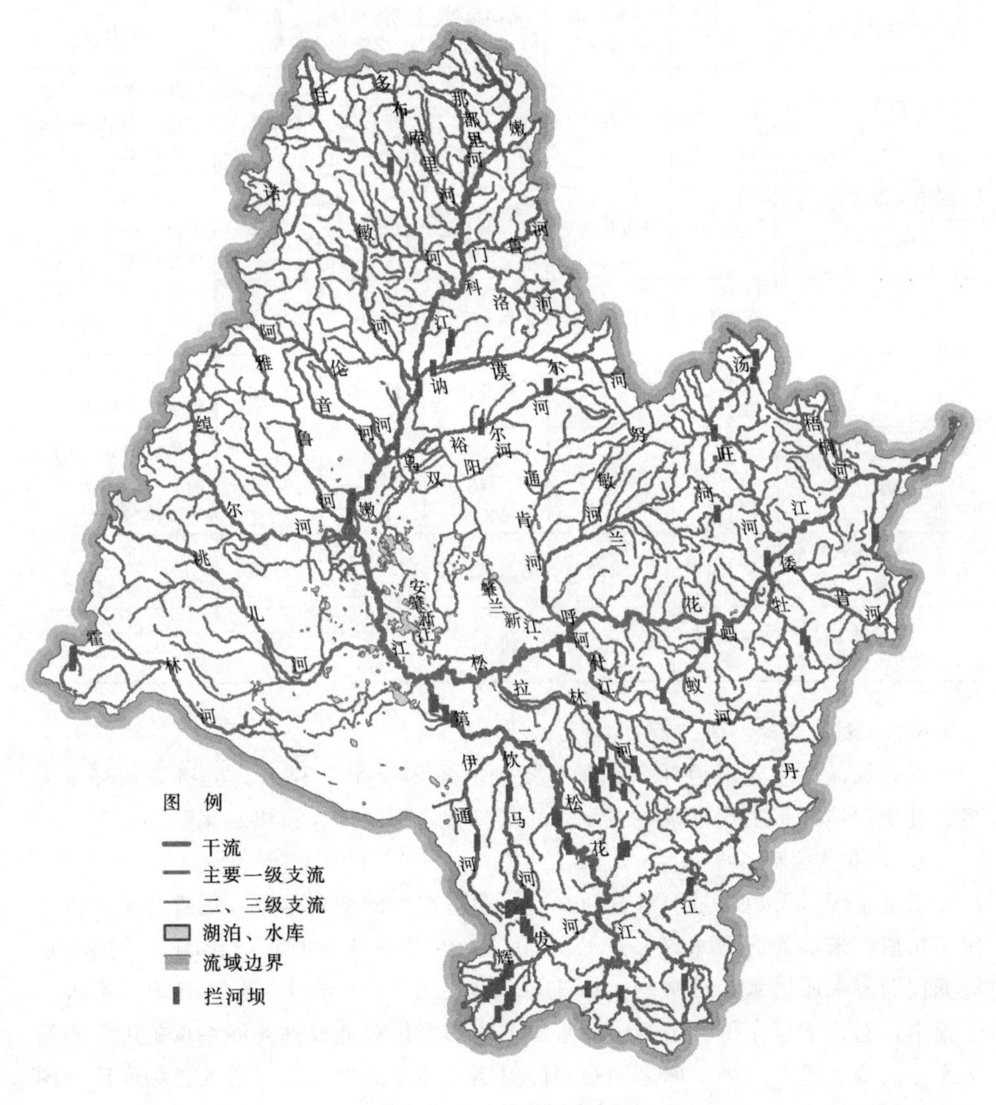

图3.3-4 拦河坝分布图

3.3.6　引调水工程及重要湿地补水工程

3.3.6.1　引调水工程

松花江流域现状主要引调水工程7处，分别为黑龙江省北部引嫩工程、黑龙江省中部引嫩工程、黑龙江南部引嫩工程、引嫩入白供水工程、引松入扶工程、哈达山水利枢纽工程、吉林省中部城市引松供水工程，还有例如大安灌区引水以及幸福干渠引水工程等，见表3.3－7。

表3.3－7　　松花江流域引调水工程现状情况

序号	引调水工程名称	省份	取水水源名称	调出流域名称	调入流域名称	工程建设情况	工程任务
1	黑龙江省北部引嫩工程	黑龙江省	松花江	松花江	松花江	已建	生活供水、工业供水、灌溉供水、生态供水
2	黑龙江省中部引嫩工程	黑龙江省	松花江	松花江	松花江	已建	生活供水、工业供水、灌溉供水、生态供水
3	黑龙江省南部引嫩工程	黑龙江省	松花江	松花江	松花江	已建	
4	引松入扶工程	吉林省	第二松花江	松花江	松花江	已建	生活供水、工业供水、灌溉供水
5	引嫩入白供水工程	吉林省	嫩江	嫩江	嫩江	已建	生活供水、生产供水、灌溉供水、生态补水
6	哈达山水利枢纽工程	吉林省	第二松花江	第二松花江		已建	生活供水、工业供水、灌溉供水
7	吉林省中部城市引松供水工程	吉林省	第二松花江	松花江	松花江、辽河	在建	生活供水、生产供水

3.3.6.2　重要湿地补水工程

松花江流域重要湿地补水工程包括向海湿地补水工程、莫莫格湿地补水工程、扎龙湿地补水工程以及正在规划的吉林省西部河湖连通供水工程等。

1. 向海湿地补水工程

引洮工程（渠道）是引洮儿河水进入向海水库的主要水源，渠首在洮南市瓦房镇东南，末端为向海水库，全长105km。由于受洮儿河水量影响，一般在畅流期往向海水库供水，日平均入库流量约为6.0～8.0m^3/s。据调查，引洮入向工程中，遇到干旱年份，由于向海水库一场的水位较低，洮儿河水首先进入一场水库，向海一场、二场水库之间受闸门阻挡，补充的水量难以进入二场库区。同时，二场水库下游的大片湿地受水库筑坝的拦截，也面临缺水的局面。

2004年，为解向海湿地的燃眉之急，水利部松辽委决定从内蒙古察尔森水库紧急向向海湿地调水5000万m^3。

2012年起，向海湿地所在的吉林省通榆县启动“河湖连通”工程，通过渠道将河流与水库、泡沼打通，有序利用雨洪资源为向海湿地补水。

引霍入向工程位于霍林河干流上，距内蒙古边界8km，建造一座全长为3686m拦河坝；在拦河坝上游左岸建一座分洪闸；由分洪闸至额木特河修筑14.5km分洪渠，其上设交通桥一座；在霍林河北股与幸福渠交叉处修建交叉工程，以及对幸福节制闸维修与兴隆水库进水闸重建等工程。引霍入向是分洪入向海水库，再经向海水库调蓄后由一场闸，通过幸福渠与兴隆、胜利水库相连接，使之形成一个以防洪为主，蓄洪兴利的分洪入向工程。工程主要包括：分洪闸枢纽、同发拦河坝、分洪渠、交通桥、北股与幸福渠交叉及幸福节制闸维修、兴隆水库进水闸改建等。工程为四等工程，引水流量为25m^3/s，霍林河防洪标准为20年一遇洪水设计，50年一遇洪水校核。设计流量为208m^3/s，校核流量322m^3/s。

2. 引嫩入白供水工程

吉林省白城市引嫩入白供水工程是从嫩江干流引水的河道外用水工程，主要是以城市供水、农业灌溉为主，同时兼顾为莫莫格湿地常态补水创造条件的综合利用水利工程。供水对象包括白城市、镇赉县城区生活、工业等用水（多年平均年引水量0.91亿m^3），镇赉县五家子灌区灌溉用水（多年平均年引水量1.76亿m^3），白沙滩灌区灌溉用水（多年平均年引水量2.29亿m^3），镇赉县莫莫格湿地生态常态补水（多年平均年引水量0.81亿m^3）4个部分。

莫莫格湿地补水工程包括白沙滩灌区三分干、湿地引水渠、湿地补水闸等工程建筑物；湿地核心区补水利用白沙滩灌区三分干干渠和湿地引水渠等进行引水补给。莫莫格湿地常态补水总干渠长41.55km，其中保护区内29km，湿地保护区外12.55km。莫莫格湿地补水区确定为哈拉塔核心区和胡家窝棚核心区，补水区位于平齐铁路以东15～30km，二龙涛河下游滩地上，分别在莫莫格乡西北和东南，核心区面积161km^2。

通过引嫩入白输水总干渠和白沙滩灌区的三分干引水，经由湿地引水渠直接向湿地核心区补水，到2020水平年，在50%保证率情况下，核心区多年平均补水量为8080万m^3。

3. 扎龙湿地补水

黑龙江省中部引嫩工程，属黑龙江嫩江流域引水灌溉工程的“三引”工程之一，位于“松嫩平原”乌裕尔河、双阳河的尾部闭流区。工程控制范围，南北长150km，东西宽50km，总面积7500km^2。包括富裕、林甸、泰来、杜尔伯特和齐齐哈尔市郊等县（区）的20个乡，还有黑龙江省最大的连环湖水产养殖场。

中部引嫩工程自1971年正式通水运用，到1985年引水总量53.57亿m^3，平均年引水量3.57亿m^3。由于引来了嫩江水，改善了乌裕尔河和双阳河尾部闭流区的干旱缺水状况，恢复和发展了苇、渔、牧等生产。

中部引嫩工程主体包括引水总干渠、东升水库、乌裕尔河齐富堤防、“八一”运河、龙虎泡引水分洪工程、长发控制工程等6项骨干工程和连环湖近期补水工程。

2001年7月，国家正式启动扎龙湿地补水计划，第一次补水3500万m^3，首开我国生态补水之先河。2001年以来，中部引嫩工程实施了多次大规模补水行动，到2013年6月，中部引嫩工程累计向扎龙湿地补水19.52亿m^3，最多年补水3.43亿m^3。

虽然扎龙湿地补水收到了明显的成效，但应该说，目前补水还仅仅是应急性、临时性补水。

4. 吉林省西部供水工程

吉林省西部河湖连通供水工程，主要是利用松花江（三岔河口以上）、嫩江、洮儿河、霍林河等过境河流的洪水资源及白沙滩灌区、哈吐气灌区、五家子灌区、大安灌区、松原灌区等灌区的退水量以及城市退水量，并有效利用当地雨水资源，对吉林西部境内的湖泡（水库）、湿地进行供水。

西部地区连通湖泡共计214个，其中本工程连通湖泡207个，现有已利用湖泡7个。引水水源主要为松花江（三岔河口以上）、嫩江、洮儿河、霍林河的洪水资源，以及灌区退水和污水处理厂净化后的城市退水。利用洪水资源的湖泡175个，常态引水的湖泡16个，利用灌区退水的湖泡31个，利用城市退水的湖泡7个。

通过实施雨洪资源综合利用河湖连通供水工程，合理调配和利用洪水等资源，向吉林省西部地区的重要湖泡、湿地供水，回补地下水，并兼顾防洪、灌溉等综合效益。以恢复区域生态环境为主，兼顾农业灌溉、水产养殖、芦苇种植、草原生态、植树造林、土地整理、旅游开发、改善人居环境等综合利用。

3.4 路桥建设

除了水利工程，道路网的建设对河湖水系连通的影响也不容忽视。

公路是人类互相连接的走廊，但对于生物尤其是地面动物来说是一道屏障，起着分离与阻隔的作用。松花江流域尤其是松嫩平原地表径流和植被的抗干扰能力弱。平原地势平坦开阔，坡降小，相对高度一般小于5m，在这种地貌条件下，道路工程的建设极易改变原始地表形态。一方面为了防洪，路基高达1～2m；另一方面由于设计中缺乏生态环境学考虑，同时受资金的限制而要降低成本，因此，道路呈直线型，缺少过水桥涵。这样造成道路纵横交错，条块分割，使地表径流受阻。

松花江流域路网分布见附图 16，路网包括铁路、高速铁路、国道、省道和高速公路等，其长度见表 3.4-1。

表 3.4-1　　松花江流域路网长度

类型	铁　路		公　路		
	铁路	高速铁路	国道	省道	高速公路
长度/km	7654	5545	5009	7806	5545

随着公路网的完善，公路布局趋向于均匀化和密集化。公路的密集化导致对河湖水系的切割作用越明显，虽然公路在建设过程中也越来越注重环境保护，对大的河湖水系一般采取避让的措施，或者建设桥涵等工程，但是桥涵工程的建设会不可避免地造成局部环境的改变，比如影响到地表的径流，造成了水位差，鱼类通过比较困难，公路桥涵的建设影响到河湖水系的“须根”，对河湖水系片段化、生境破碎化的影响较大。

第4章 松花江流域河湖水系生态问题及水库优化调控基本理论与方法

近年来，在水利工程和气候变化等的综合影响下，江河、湖泡、湿地等水体的水力联系受到影响，河湖横向、纵向、垂向间的连通性受到阻隔，松花江流域水生态环境逐步恶化。一方面，流域内河流流量减少甚至断流、径流流量过程发生较大变化，这些河湖变化严重破坏了水生生态环境，以河流为栖息地的浮游植物、浮游动物及底栖动物等物种多样性、数量及分布相应发生变化，正趋向于多样性减小、数量减少等不利情势的发展。另一方面，由于降雨减少、流域堤防工程建设及人类不合理开发利用等因素的影响，河道外流域内广布的湿地呈现面积萎缩、景观破碎化明显、功能退化、湿地生物多样性锐减等问题。对于河道内生境，由于鱼类是水生食物网的高层消费者生物，其群落结构的变化能够全面和直接反映水域生物群落与水生境状况的整体变化信息，可以通过鱼类的变化情况来反映松花江流域河道内生境问题。而对于河道外生境，松花江流域变化最为明显的是湿地，因此，本流域水系生态问题研究围绕鱼类问题和湿地问题来开展。

针对流域内不同的生态问题，需要结合流域特点有针对性地提出生态修复措施。当前生态修复措施有工程措施和非工程措施两种。水库生态优化调控是解决流域生态流量不足、径流过程变化剧烈引发的严重生境问题的一种重要的非工程措施。它主要将生态修复目标转换成水库可以调控的生态调度目标，结合水库其他调度目标，通过优化调控来控制下泄，以尽可能地满足生境需求，满足水生生物的需求，达到生态修复的目的。由于水库优化调控不涉及工程建设，不需要投入建设资金，只需要改变水库现有运行方式即可削弱或改善水库运行对水生生态系统的不利影响，保护流域生态系统健康，实现社会经济效益与生态效益的最大化。为此，本流域选定水库生态优化调控作为流域生态修复的一种手段。本章主要在生态问题分析的基础上，对水库生态调控的目标、模型及求解方法进行深入研究，为后期流域生态调控应用提供理论基础。

4.1 水生态问题及修复措施

4.1.1 主要水生态环境问题

松花江流域存在的主要生态水环境问题是鱼类的结构和功能发生了改变以及湿地退化。下面从鱼类和湿地两个角度介绍一下存在的主要水生态环境问题。

4.1.1.1 鱼类

据记载松花江鱼类资源丰富，“三花五罗”、大白鱼、鳜鱼等名贵品种闻名于世。然而由于水利工程建设、沿河采砂、水域污染以及私捕滥捞等原因，20世纪80年代以后，松花江鱼类资源量明显减少，珍稀特有鱼类种类数量显著下降，濒危物种逐渐增多。

由于水利工程的阻隔导致松花江流域内冷水鱼类的生境越来越小，只能分布在嫩江、第二松花江及松花江的上游及支流中；一些海河洄游性的鱼类的洄游通道受到阻隔，无法上溯到以往的产卵场；产黏性卵和漂流性卵鱼类的生境也受到阻隔，鱼类产卵需要的洪峰刺激减少，鱼卵孵化漂流距离过短，鱼类资源受到影响。具体见2.1.5.2节。

4.1.1.2 湿地

松花江流域是我国重要湿地分布区之一，流域内广布的湿地对松花江流域的生态环境有着极为重要的作用，它不仅有助于涵养水源、防风抗洪、净化水质、改善环境，还能有效维持生物多样性、美化环境等。近年来，受人类开垦等人类活动及降雨量减少等气候变化的影响，松花江流域面临着严重的湿地萎缩、荒漠化加剧、景观破碎化明显、生物多样性减少等问题。

1. 面积萎缩严重，斑块化明显，景观破碎化程度加深

松花江流域径流量减小、水利工程拦蓄洪泛资源等减少了湿地湖泡补水量，且围垦土地阻隔了水体连通性，导致湿地水文连接度降低，引起湿地消退。据统计，20世纪50年代湖泡、湿地总面积为6.0万km^2，而至2015年，其面积总量仅为3.0万km^2，湿地、湖泡面积减少一半。湿地呈现出由周边逐步向中间萎缩、湿地水面逐步分离破碎、连通性被切割的现象，原本连续完整的湿地、湖泡群趋向于不连续、地理位置上的相互分离的斑块体发展，湿地、湖泡景观趋向于破碎化。

2. 功能退化，生物多样性减少

湿地是鸟类、两栖类、鱼类及高等植物等的生长繁育场所，是有价值的遗传基因库，对维持物种多样性有重要意义。以流域内国际重要湿地——扎龙湿地为例，其植被类型繁多，野生动物资源丰富。据《尼尔基水利枢纽环境影响评价报告书》记载该湿地内具有高等植物69科525种，鸟类48科269种，两栖类2目

4科6种，爬行类2目2科2种，鱼类9科46种，昆虫种类65科279种，另外还有种类繁多、数量庞大的浮游生物和两栖动物。随着湿地面积的大幅度减小，湿地水文连接度下降，湿地以及湿地与外部水、营养物质输送受阻，基因交换受阻，系统内能流和物流中断或不畅，削弱了生态系统自我调控能力，湿地部分或者全部丧失作为动植物栖息地和繁育地的功能，越来越多的生物物种，特别是珍稀生物失去生存空间而濒危和灭绝，物种多样性减少而使生态系统趋向简化，给生物安全带来威胁。

4.1.2　水生态修复措施

4.1.2.1　关于鱼类生态环境的修复措施

1. 影响鱼类资源的原因

对于松花江流域鱼类丰度减小及多样性降低、体型趋向小型化的鱼类问题，其主要原因如下：

（1）水利工程建设阻隔鱼类洄游通道、缩小鱼类活动空间。一方面水利工程建设使鱼类洄游通道受阻，洄游、半洄游鱼类无法上溯洄游；另一方面它阻断了干支流鱼类的交流，改变了支流鱼类栖息环境，缩小了干流鱼类索饵、肥育及繁殖栖息空间，对鱼类资源产生了较为严重的不利影响。

（2）水库调度改变鱼类生长繁殖所需的水文条件。水库调度运行改变了河道内水流水文过程，使坝下江段洪峰明显削弱，坝下江段涨水过程不明显，与原自然状态相比发生明显变化，鱼类繁殖期的水位频繁涨落，产在草上的鱼卵往往因水位骤降而干死，不适宜鲢、鳙、草鱼等产漂流性卵鱼类繁殖，坝下产卵场也逐步下移甚至消失，鱼类缺少繁殖条件，限制了鱼类增殖。

（3）河床采砂破坏鱼类产卵栖息环境。大规模的河床泥沙采掘现象引起河床严重下切，破坏河床物理结构，使河网分流比剧变，腹部洪水位异常壅高，搅动底质破坏生境组成的稳定性，从而导致了水文条件及水质的改变，给鱼类栖息地带来严重影响。如松花江巴彦段多年大量采吸江沙，导致依泥沙而生的螺、蚌、水草等无容身之地，使部分鱼类失去了产卵繁殖的生态场所。

（4）过度捕捞破坏鱼类生长繁殖稳定性。松花江流域电鱼、炸鱼事件频发，捕捞量超过种群本身的自然增长能力导致总渔获量和单位渔获量随捕捞力量的增加而减少，鱼类资源的自然补充量也不断下降，引起资源衰退，甚至最终形成不了渔汛。

（5）水质污染破坏繁殖生长环境。水域污染现象加剧，松花江干流、嫩江中下游等局部水域和小型支流水质恶化，影响鱼类栖息、繁殖环境，破坏了鱼类资源。

2. 鱼类修复措施

针对影响鱼类资源量的不同原因，鱼类修复措施主要包括：

(1) 修建鱼道、鱼闸、升鱼机、集运鱼系统等过鱼设施来缓解水库建设导致的鱼类洄游性问题。

(2) 进行水库生态调控。控制下泄流量满足鱼类产卵繁殖所需的流量需求，减少水库调度运行对鱼类生长繁殖的影响。

(3) 加强流域采砂管理。建立规范有序的河道采砂秩序，减少采砂对河床的影响，减少鱼类产卵附着地受影响程度。

(4) 加强渔政管理。建立良好的渔业捕捞制度、限制渔具、规定捕捞对象的可捕标准及渔获量、制定禁渔区和禁渔期、加强水环境保护等，以维护良好的渔业环境，保证鱼类能够顺利延续种群。

(5) 严控污水排放标准。改善污水的处理设施，提高污水处理速度，减少水域污染，防止水质恶化。此外，还可以通过增殖放流、干支流保护等措施来达到鱼类修复的目的。

4.1.2.2 关于湿地生态环境的修复措施

1. 湿地消退原因

松花江流域湿地面积减小、功能退化及生物多样性锐减的问题，其主要原因如下：

(1) 补水量减少、湿地水量补给不足。湿地补水量减少的三个主要因素包括：①降雨减小蒸发增大等气候变化减少了湿地的天然补给水量；②水库拦蓄了部分湿地的河流补给水源；③堤防建设减少了汛期湿地洪泛水源。这些因素不同程度地减少了湿地补水量，导致湿地由周边向中心逐步萎缩，湿地面积逐步缩小，湿地功能逐步退化，物种多样性减少。

(2) 过度围垦、湿地连通性被切割。人类的过度围垦占据了湿地生物的生存活动空间，压缩了自然水源，切割了湿地天然连通性，湿地生境被分离，限制了湿地生物生存发展空间，造成湿地稳定性及恢复性能变差，在水量补给不足的情况下更易消退。

2. 湿地修复措施

根据湿地消退原因分析可以确定湿地修复措施主要包括：

(1) 对于退化严重却未修建补水工程的湿地，可以修建常规补水工程或湿地应急补水工程增加湿地补水量，维持和恢复湿地面积；对于已有补水管道的湿地，建立湿地生态补水机制，充分利用已有补水管道，确保湿地补水量补水到位。

(2) 大力推进湿地保护政策，提升全社会湿地保护意识，全面保护湿地，强化湿地利用监管，积极实施退耕还湿、退养还滩和盐碱化土地复湿等措施，恢复原有湿地，减少对湿地空间的挤占。

4.2 水库生态优化调控基本理论与方法

在鱼类和湿地问题中，水库等水利工程的阻隔改变了河流天然水文过程、减少了河湖之间水量补给，进而引发以河流为生境的水生生物及以水量为需求的湿地的变化，是鱼类减少湿地面积萎缩的一个重要因素。水库优化调控可以通过水库的调蓄增强河湖水系间的水力联系，增强河湖生态水文联系，是恢复河流水文过程及保证湿地补水量的一种重要手段。水库优化调控的关键是确定生态调度目标，并在此基础上进行生态调度模型的构建及求解，下文将围绕生态目标的确定、调度模型构建及求解等分别进行阐述。

4.2.1 生态修复目标

松花江流域面临的主要生态问题是湿地面积大幅度萎缩、功能退化等湿地问题和鱼类生境遭到破坏、产卵场逐渐消失、丰度和多样性减少、体型趋于小型化等鱼类问题，本书选定湿地和鱼类作为该流域生态修复的主要对象。

鱼类修复的有效方式是恢复其生长繁殖所需的水文条件，湿地最直接有效的修复方式就是向其补水，两者均可通过调控流域水利工程来实现。松花江流域上两个起关键性作用的水库是第二松花江流域的丰满水库和嫩江流域的尼尔基水库，故研究主要通过调蓄尼尔基水库、丰满水库来满足鱼类水文条件需求及湿地水量补给，达到生态修复的目的。关于鱼类研究，以用水较为紧张、水文过程受调蓄影响程度较大的丰满水库为典型进行说明，而对于湿地研究，则选择尼尔基水库为典型进行说明。

以鱼类为修复目标的水库调度，其生态调度目标需要通过建立鱼类修复的核心任务与水库下泄流量之间的关系来确定，而以湿地为修复目标的水库调度，由于补水量是湿地面积维持的关键因素，故直接以湿地供水量最大或湿地供水保证率最大为生态调度目标。

4.2.2 调度规则

水库调度规则是根据水库来水、库容及出流过程等总结出来的具有规律性的水库特征，用以对水库调度进行有效调控。调度图是调度规则的一种直观形式，调度图的合理性决定了水库运行效益。由于调度图具有简单实用、易于操作等优点，在我国的水库调度中得到广泛运用。

根据水库控制运用任务的不同，调度图主要有供水调度图、发电调度图等。各类调度图由一条或几条控制水库下泄水量的调度线组成，这些调度线既有加大调度线又有限制调度线。如发电调度图中，既有加大出力线，又有限制出力线。而在供水调度图中，很少考虑加大供水线，因为用户正常需水已包含在水库设计供水中，加大供水的经济意义并不明显，该类调度图中通常设置多个供水用户的供水限制线来有预见地限制供水，避免后期严重缺水。

调度图中的调度线将水库运行区间划分成多个区域，使用调度图时主要根据水库水位及库容在调度图中所处区域的相对位置来确定各用水户相应的供给水量和发电出力等，实现不同用水目标的分级分量给水。以包含两类用水户（D_1、D_2）的供水调度图（图4.2-1）为例进行说明，图中每条供水限制线代表对一类用水户的限制，可根据不同供水目标的优先级高低和保证率要求，确定各条限制线的相对位置。2条限制供水线将水库的兴利库容划分为3个调度区，在水库运行过程中，根据水库当前蓄水状态所处的调度区域，按照表4.2-1给出的供水规则供水，其中限制系数 θ_1 和 θ_2 由水库及供水目标的特性共同决定。在发生缺水的时候，应先限制供水优先级较低的用水户，也就是限制供水线较高的用水户。

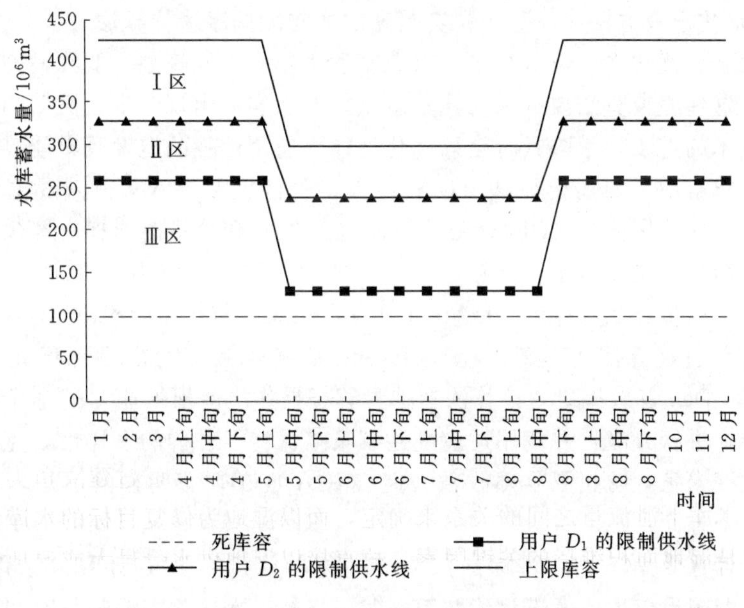

图4.2-1　供水调度规则示意图

表4.2-1　　水库供水调度图各调度区供水规则

调度图各调度区	用　水　户	
	用水户 D_1	用水户 D_2
Ⅰ区	正常	正常
Ⅱ区	正常	限制
Ⅲ区	限制	限制
限制供水系数	θ_1	θ_2

注　“正常”指按用户需水量供水，即用户需水量为 D，根据调度图确定的供水量则为 D；“限制”指限制用户供水，按用户需水量与限制供水系数的乘积供水，若限制供水系数为 θ，则根据调度图确定的供水量为 $D\theta$。

4.2.3　目标函数

一般地，对于有供水任务的水库，其调度目标主要有供水量越大越好、缺水量越小越好（缺水指数越小越好）和供水保证率越大越好等，对于有发电任务的水库，其调度目标通常是发电量越大越好和发电保证率越大越好等。

4.2.4　决策变量

本书主要依据调度图来控制水库泄流，优化求解时的决策变量是调度图中各供水户控制线或发电出力控制线上各个时段的水位（库容）控制点。

4.2.5　约束条件

水库调度的约束条件一般有水量平衡约束、水库水位约束、保证率约束、用水户用水约束、水库最大允许泄流约束等。

4.2.6　优化求解方法——基于精英策略的非支配排序遗传算法

当前水库优化求解方法很多，经典算法主要有线性规划、非线性规划、动态规划等，这些经典算法要么求解比较复杂，要么容易出现“维数灾”问题。随着计算机技术的进步，很多具有全局优化性能、通用性强的启发式智能算法应用于水库优化求解中，如遗传算法（GA）、人工神经网络（ANN）、微粒子群算法（PSO）、差分进化算法（DE）、蚁群算法（ACO）和禁忌搜索算法等。其中遗传算法原理简单、操作方便，能够进行全局搜索，被广泛应用到水库优化调度中。非支配排序遗传算法（Non-dominated Sorting Genetic Algorithms，NSGA）是一种以简单遗传算法为基础、基于 Pareto 最优解概念的多目标优化算法，由 Srinivas 和 Deb 首次提出。该算法在选择算子操作之前根据非支配排序原理对种群中的个体进行分级，并使用适应度共享策略保持了种群的多样性，克服了超级个体的过度繁殖，防止了早熟收敛。但 NSGA 也存在着明显的不足，主要体现在如下 3 个方面：

（1）计算效率不高。目标函数为 m，种群数为 N 时，计算复杂度为 mN^3 次，当种群规模较大或者进化代数较多时，进行一次优化需要较长时间，计算效率不高。

（2）计算精度有待提高。某些最优解在进化过程中容易丢失。

（3）共享策略中需要人为地指定共享半径。

针对 NSGA 算法存在的问题，2000 年 Deb 等人在 NSGA 的基础上引入快速非支配排序、采用拥挤度和拥挤度比较算子及引进精英策略，提出了带精英策略的非支配排序遗传算法（Non-dominated Sorting Genetic Algorithms Ⅱ，NSGA-Ⅱ），实现对 NSGA 算法的改进。其中，快速非支配排序使得算法的复杂度由原来的 mN^3 降低到 mN^2，提高了计算效率，且将父代种群跟子代种群进行合并，使得下一代的种群从双倍的空间中进行选取，保留了最为优秀的所有个体；精英策略则增大了采样的空间，保证某些优良的种群个体在进化过程中不会被丢弃，从而提高了优化结果的精度；拥挤度和拥挤度比较算子的使用替代了适应度共享策略，而且将其作为种群中个体间的比较标准，使得准 Pareto 域中的个体能均匀地扩展到整个 Pareto 域，保证了种群的多样性。

NSGA－Ⅱ算法的计算流程见图 4.2－2。

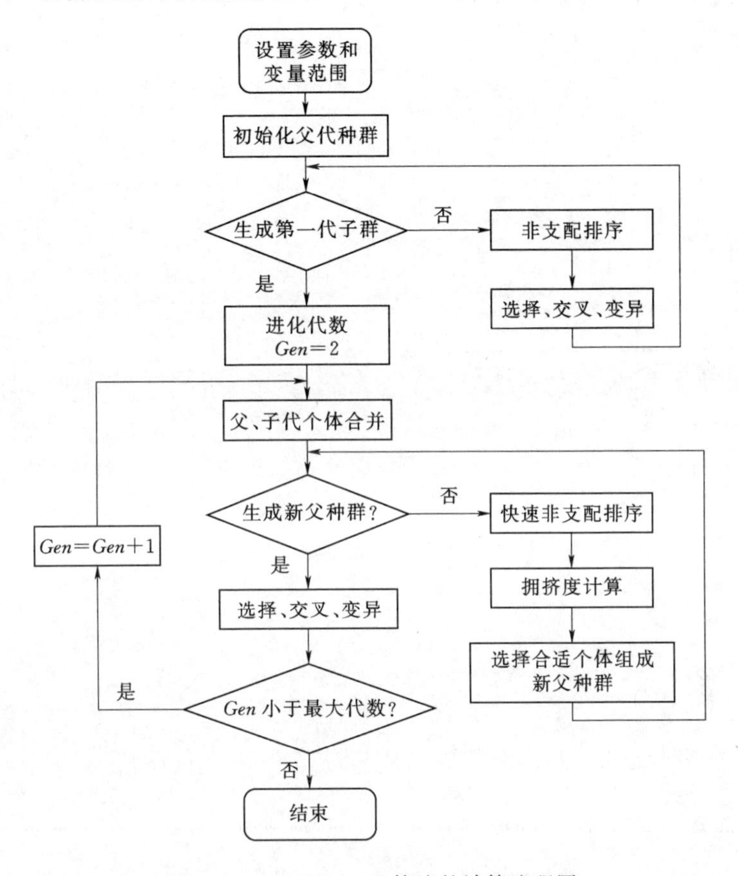

图 4.2－2 NSGA－Ⅱ算法的计算流程图

(1) 随机产生规模为 N 的初始种群，非支配排序后通过遗传算法的选择、交叉、变异等基本操作得到第一代子代种群。

(2) 从第二代开始，将父代种群与子代种群合并，进行快速非支配排序。

(3) 非支配关系排序之后对个体的拥挤度进行计算。其中，拥挤度是指种群中指定个体与周围个体的密度，可以直观地表示为个体 i 周围仅包含个体 i 本身的最大长方形的长，见图 4.2－3。

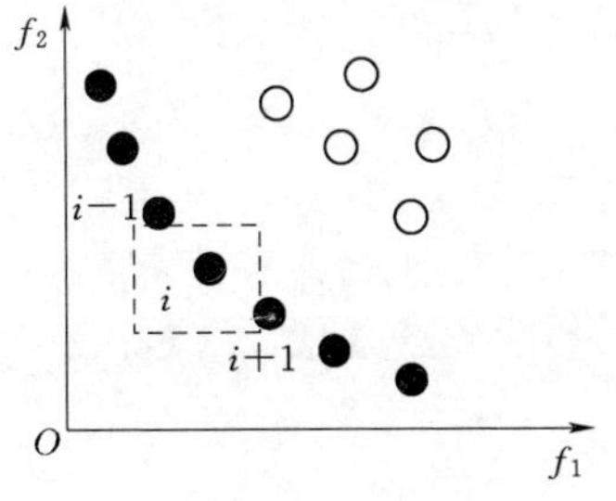

图 4.2－3 个体 i 的拥挤度

（4）基于快速非支配排序和拥挤度两个准则进行父代样本的选择。非支配排序号较小、拥挤距离较大的个体优先被选为父代样本，与通过交叉和突变产生的子代种群组合形成新的种群，对其再次进行非支配关系排序和拥挤度比较，依此类推，直到满足程序结束的条件。

第5章　基于鱼类生境修复的丰满水库优化调控

针对鱼类减少的状况，本书主要通过水库调度调蓄泄流来满足鱼类生存繁殖所需的水文流量，其关键是建立鱼类修复目标与水库下泄流量之间的关系作为水库调度的生态目标。当前，建立鱼类修复目标与水库下泄流量之间的关系主要有三种方法。一是从鱼类本身出发，建立鱼类丰度、多样性同水文指标间的关系。该方法需要根据鱼类连续的监测资料，通过数据挖掘等方法搜索建立丰度、多样性同水文指标间的关系；二是从鱼类繁殖、生存环境出发，对鱼类的栖息地进行保护。该方法可根据鱼类产卵场所需的流速、水深、水温等指标，进行水文水动力学模拟，反推出水库泄流过程；三是从鱼类生存所需的水文条件出发，合理选择关键的IHA指标来表征水文条件，使水库下泄流量的关键IHA指标值尽量贴合河道天然径流的相应IHA指标值，以此来满足鱼类生存所需的水文条件。这三种方法中第一种方法对鱼类连续的监测资料要求较高，第二种方法对河道断面资料要求高，都不易开展，而第三种方法物理意义明确，针对性强，且简单易操作，因此，本书选定该种方法来建立水库调度的生态目标。

本章以鱼类多样性减少、产卵场日趋萎缩的第二松花江为例进行鱼类生态优化调控，在明确其控制性水利工程——丰满水库当前调度情况的基础上，确立生态调度目标，构建了生态调度模型，进行生态优化调控，具体研究内容如下：

（1）确定丰满水库的天然来水情况、供水任务及当前兴利调度原则等，为构建生态调度模型奠定基础。

（2）分析构建鱼类修复的生态调度目标，结合丰满水库原始调度目标构建丰满水库生态调度模型，并根据丰满水库装机改变及未来用水变化情况，设计不同的生态调度方案，进行优化调度。

5.1　丰满水库概况

5.1.1　水库概况及特性

丰满水库是第二松花江中游河段上的一座以发电为主，兼有防洪、灌溉、工农业及城市供水、航运、养殖和旅游等综合利用的大型水利枢纽，位于第二松花江距吉林市城区东南24km处。丰满水库上游有白山水库，控制流域面积为1.9万km^2。白山水库投入运行之后，改变了丰满水库的来水条件，一定程度上改善了丰满水库在发电、防洪中的运行，2004年国家防汛抗旱总指挥部批复了“白山、丰满水库防洪联合调度方案”（注：本书侧重于对生态修复方法的探究，未考虑白山—丰满联调）。白山水库以下35km处为红石水库，控制流域面积为2.03万km^2。红石水库以下215km进入丰满水库（松花湖），在库区左岸的辉发河，右岸的蛟河均汇入丰满水库，丰满水电站控制流域面积为4.25万km^2。丰满水电站以下为台地平原区，距哈达山水利枢纽工程坝址处约290km，哈达山水库坝址距下游扶余水文站23.4km，水库以上控制流域面积为7.1783万km^2。

丰满水库始建于1937年，1942年11月水库开始蓄水，1943年3月第一台机组发电，1953年大坝全部建成。主体工程由大坝、厂房和泄洪设施等组成。1959年第一期工程最后一台水轮发电机组安装完毕，8台主机投入电网运行，装机容量为554MW；1988年进行了9号、10号机组的二期扩建工程，10台主机装机容量724MW；1994年开始三期扩机工程，利用左岸泄洪洞安装2台水轮发电机，装机容量280MW，1997年完工，丰满水电站总装机容量达1004MW。2010年2月，国家发展与改革委员会同意对丰满大坝进行全面治理。丰满水电站大坝全面治理工程选择在原坝址下游120m处新建一座大坝，枢纽布置方式与原大坝基本相同，结合环保要求，拟考虑在右岸布置过鱼设施，在引水坝段进水口拟采用叠梁门分层取水设施，并在坝址下游左岸设置鱼类增殖放流设施；工程拆除原坝后式厂房及1～10号机组，保留原左岸三期工程11～12号总装机容量280MW的机组，工程新增6台单机容量200MW的机组，新增装机容量1200MW，工程结束后总装机容量1480MW。丰满水电站原装机容量1002.5MW，保证出力166MW，多年年平均发电量约19.68亿kW·h，是东北电网的骨干调峰电源，长期以来在系统中承担着调峰、调频和事故备用等任务，是东北电网不可缺少的主力调峰电源。

电站枢纽由混凝土重力坝、坝后式厂房和泄洪洞组成。大坝按500年一遇洪水设计，万年一遇洪水校核，总库容109.88亿m^3。兴利库容61.64亿m^3，死库容26.85亿m^3。控制流域面积4.25万km^2，占第二松花江流域面积的57.9%。其坝下约10.3km处建设有永庆反调节水库（日调节水库），其上游水位与丰满水电站尾水相衔接，是一座为解放丰满水电站 60MW 基荷和保证下游最小用水 161m^3/s 而修建的水库。永庆水库设置有 828 万 m^3 的反调节库容，根据永庆反调节水库的设计要求，需保证丰满水电站在两次调峰期间停机 13h 的情况下，持续保障下游最小下泄流量满足 161m^3/s 的要求。目前，丰满水电站运行中调峰间隔时间均不超过 14h，永庆反调节水库则通过自动流量控制系统调节闸门开度，对下泄流量进行控制，当永庆库区水位在正常蓄水位以下时，则按照最小流量 161m^3/s 进行泄流；当水位高于正常蓄水位时，则通过溢流坝段进行敞流。丰满水库的设计多年运行特性表见表 5.1-1。

表 5.1-1　　丰满水库的设计多年运行特性表

指标名称		1960—1962 年设计参数
水库特性	水库调节性能	不完全多年调节
	校核洪水位/m	261.00
	设计洪水位/m	266.50
	正常蓄水位/m	263.50
	汛限水位/m	260.50（主汛）
	死水位/m	242.00
	总库容/m^3	110.00
	调洪库容/亿 m^3	34.14
	兴利库容/亿 m^3	61.64
	死库容/亿 m^3	27.60/26.85
发电特性	装机容量/万 kW	55.25
	年保证出力/万 kW	16.60
	降低保证出力/万 kW	10.60
	保证率/%	95.00
	多年平均发电量/(亿 kW·h)	18.90
	最大年发电量/(亿 kW·h)	24.70
	最小年发电量/(亿 kW·h)	12.00
径流调节性能	多年平均年来水量/亿 m^3	143.00
	损失水量/亿 m^3	1.80

注　仅考虑机组泄流 1300m^3/s，丰满水库最大泄流能力是 13000m^3/s，具备泄放万年一遇洪水的条件。

5.1.2　来水用水资料

5.1.2.1　入库径流资料审查

1. 年径流系列可靠性审查

本次收集到的资料均采用相同的还原计算方法所得，且与丰满水库调度手册中所采用的入库径流资料一样，资料满足可靠性要求。

2. 年径流系列一致性审查

本次收集到的丰满水库入流资料为1946—2009年共64年的入库径流资料。1946—1982年，丰满水库单库运行，仅对丰满水库单库进行入库流量还原计算；1983—1985年，白山、丰满两库联合运行，根据两个水库的出、入库流量资料进行丰满入库流量还原计算；1986—2009年，白山、红石、丰满三库联合运行，根据三个水库的出、入库流量资料进行丰满入库流量还原计算，故采用的资料具有一致性，可作为一个统计系列。

3. 年径流系列代表性分析

本书所采用1946—2009年共64年的入库径流资料进行代表性分析，64年的入库径流资料见图5.1-1。年入库径流量有减少的趋势，年入库径流均值为125亿m^3，变差系数C_v为0.36，年际变化较强烈。在64年中出现几组完整的丰、平、枯周期变化过程，年入流资料呈现丰水年组和枯水年组交替的现象，既出现1953年、1954年、1956年、1957年、1960年、1964年、1971年、1975年、1981年、1983年、1986年、1991年、1995年、2005年等丰水年，又出现了1955年、1958年、1965年、1967—1970年、1974年、1976—1980年、1997—2000年、2002—2004年等枯水年，综合上述分析可认为所选的入库径流资料具有较好的代表性。

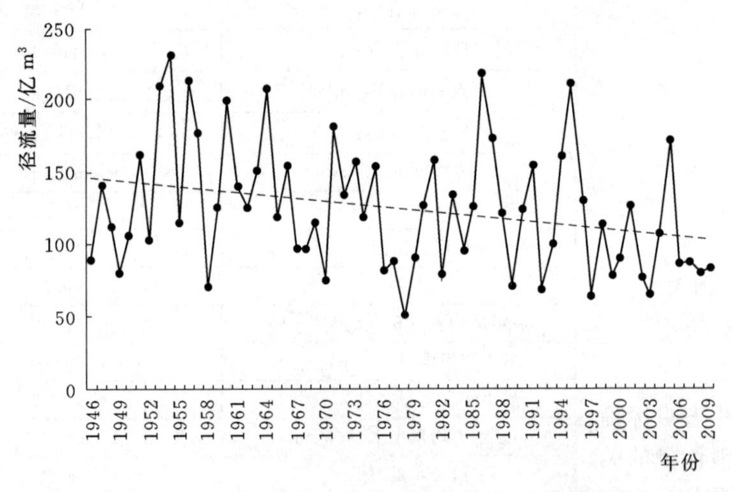

图5.1-1　丰满水库1946—2009年入库径流量

5.1.2.2　用水资料

1992年，根据国务院批复的《松花江水资源保护规划》(1992年版)，丰满大坝需保证150m^3/s的最小下泄流量，即可满足丰满坝下游生产、生活及河道内生态与环境用水。1997—2001年间，丰满坝下15km处修建了引松入长工程，每年向长春市引水3.08亿m^3，设计引水流量为11m^3/s。引松入长工程实施后丰满水库最小下泄流量为161m³/s时，即可满足长春市饮用水水位和水量要求。2009年国家发展和改革委员会对《吉林省中部城市引松供水工程项目建议书》进行了批复，中部城市引松供水工程是从第二松花江丰满水库库区调水至吉林省中部地区，取水口位于丰满库区左岸上游，距大坝约1.2km处，2020年多年平均年引水量为6.13亿m³，2030年多年平均年引水量为8.97亿m³，取水口设计引水流量为38.0m³/s。

5.1.3 兴利调度要求及原则

丰满水库自建库以后主要以发电为主，其调度运行主要依据1960年编制的调度图，见图5.1-2。根据水库水位在调度图上的位置确定电站出力，同时考虑灌溉、供水等要求进行适时调度。

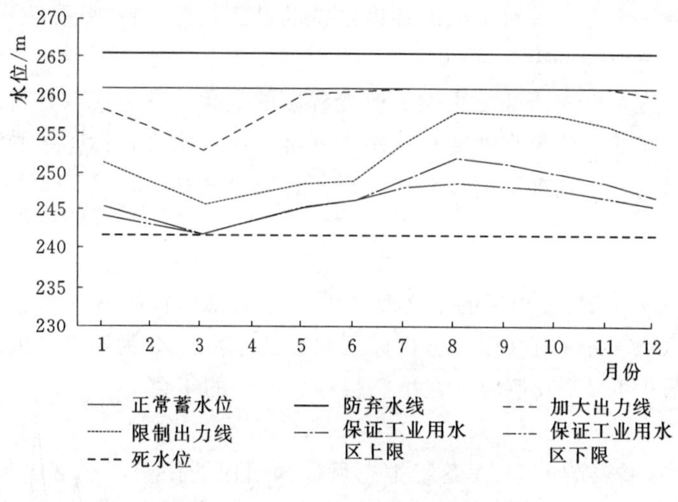

图5.1-2 1960年丰满水库调度图

5.2 基于鱼类生境修复的丰满水库优化调控

本书生态目标确定的思路是通过合理选择关键的IHA指标来表征水文条件，使水库下泄流量的关键IHA指标值尽量贴合河道天然径流的相应IHA指标值，以此来满足鱼类生存所需的水文条件。其核心是合理选择关键IHA指标。本书通过二次筛选法从IHA体系中选择生态流量过程的代表性指标，主要根据建库前后IHA指标水文改变度的大小选择出水文改变度较大的指标，再根据指标是否反映鱼类产卵时间、洄游鱼类产卵信号、洪泛区水生生物栖息可能性、洪泛区营养与有机物质的交换等来筛选出与鱼类关系较紧密的指标，作为生态流量过程的关键指标，具体步骤如下。

(1) 计算建库前后IHA指标改变程度。

（2）分析确定影响鱼类生存与繁衍的 IHA 指标。

（3）选定指标改变大的并且影响鱼类生存繁衍的指标作为关键 IHA 指标。

在合理选择 IHA 指标的基础上，本书利用主成分分析法构建适合鱼类的生态目标函数；然后加入到水库原始调度目标中形成考虑鱼类的水库多目标调度模型，并用 NSGA－Ⅱ算法求解；最后根据求解结果，分析各调度目标的竞争协同关系，并利用边际效益法选取最优方案。

5.2.1　鱼类生境修复目标确定

1. 水文改变指标体系及水文改变度

Richter 等提出了由 33 个水文指标构成的水文变化指标体系（Indicators of Hydrologic Alteration，IHA），该指标体系能够从流量大小、频率、历史、发生时间及变化率 5 个方面来对水生态环境系统的健康状况进行描述。该指标体系及对应的生态系统影响见表 2.1－6。

水文改变度是水文指标受影响的改变程度的量化，它通常以日流量数据为基础，以未受影响前的流量自然变化状态为基准，统计水文指标体系受影响前后的变化，分析河流受干扰前后的改变程度。其计算公式如下：

$$A_i=\left(\frac{Z_{oi}-Z_{ei}}{Z_{ei}}\right)\times 100\% \tag{5.2-1}$$

式中：A_i 为第 i 个 IHA 指标的水文改变度；Z_{oi} 为第 i 个 IHA 指标在径流受影响后实际落于 RVA 阈值内（在生态目标区间）的年数；Z_{ei} 为第 i 个指标在径流受影响后预期落于 RVA 阈值内（在生态目标区间）的年数。

$$Z_{ei}=r\times Z_t$$

式中：r 为径流受影响前 IHA 落于生态目标阈值内的比例，本书以各 IHA 发生频率为 75％、25％的值确定阈值范围，则 $r=50\%$；Z_t 为径流受影响后 IHA 统计的总年数。

2. 关键修复的生态水文指标

IHA 指标集中的 33 个生态指标是针对日流量提出的，而本研究水库调度以旬为调度时段。根据文献，旬尺度下水文指标仍具有生态学意义，但有些指标需要做出调整：没有了零流量天数指标，且 1、3、7 最大和最小日流量这 6 个指标相应地变成最大和最小旬流量 2 个指标，IHA 指标相应地调整为 28 个。在天然水文情势变化评估时，IHA 指标改变度大于 0.67 的，认为是高度改变；在 0.33～0.67 之间，认为是中度改变；小于 0.33 的认为是低度改变。

改变度越大的指标，对流域生境破坏就越严重，在生态修复上就越需要考虑。但丰满水库人为干扰性大，生态指标改变度大的有很多，导致第一步筛选的指标比较多，构建目标函数比较复杂，需进一步筛选指标。进一步筛选过程中，主要从反映鱼类产卵时间、洄游鱼类产卵信号、洪泛区水生生物栖息可能性、洪泛区营养与有机物质的交换等因素来确定指标与鱼类关系紧密程度，再结合经验最终选定。故本研究中关键指标的选定首先选择改变度大的指标作为待修复的指标系列；再从待修复的指标系列中选择跟鱼类紧密相关的指标，作为最终需要修复的生态水文指标。

根据丰满水库实际的出流过程，计算各指标的改变程度并进行分析，得到IHA指标水文改变度及其与鱼类紧密程度见表5.2-1。最终选定最小10d流量、最大流量出现时间、高流量洪峰数、低流量洪峰数、流量增加量5个指标作为丰满坝下需要修复的生态水文指标。

表5.2-1　　IHA指标水文改变度及其与鱼类紧密程度

IHA指标	指标改变度	改变度级别	跟鱼类紧密程度
1月平均流量	0.84	高度	一般
2月平均流量	0.86	高度	一般
3月平均流量	0.46	中度	一般
4月平均流量	0.32	低度	一般
5月平均流量	0.25	低度	紧密
6月平均流量	0.16	低度	一般
7月平均流量	0.29	低度	一般
8月平均流量	0.30	低度	一般
9月平均流量	0.18	低度	一般
10月平均流量	0.30	低度	一般
11月平均流量	0.58	中度	一般
12月平均流量	0.84	高度	一般
最小10d流量	0.98	高度	紧密
最小30d流量	0.95	高度	一般
最小90d流量	0.80	高度	一般
最大10d流量	0.40	中度	紧密
最大30d流量	0.37	中度	一般
最大90d流量	0.33	中度	一般
基流指数	0.97	高度	一般
最大流量出现时间	0.37	中度	紧密
最小流量出现时间	0.30	低度	紧密
高流量脉冲数	0.51	中度	紧密
高流量持续时间	0.26	低度	紧密
低流量脉冲数	0.61	中度	紧密
低流量持续时间	0.49	中度	紧密
流量增加量	0.99	高度	紧密
流量降低量	0.98	高度	一般
流量反转次数	0.33	中度	紧密

3. 生态目标函数

生态系列指标选中后，需要进一步确定生态目标函数。为充分利用各指标的历史统计数据，本书采用二元对比法，确定最小10d流量、最大流量出现时间、高流量脉冲数、低流量脉冲数、流量增加量指标的权重系数分别是0.239、0.075、0.149、0.078、0.459，最终确定生态目标函数如下：

$$f_{eco}=\sum_{i=1}^{5}\omega_i\mu_i=0.239\mu(x_1)+0.075\mu(x_2)+0.149\mu(x_3)-0.078\mu(x_4)+0.459\mu(x_5) \tag{5.2-2}$$

$$\mu(x_i)=\mathrm{e}^{-\frac{(x_i-m_i)^2}{2\sigma_i^2}} \tag{5.2-3}$$

式中：f_{eco}为生态目标函数值；$\mu(x_i)$为第i个水文指标的隶属度函数值；x_i为调度后第i个水文指标年值；m_i、σ_i分别为天然状态下第i个水文指标的均值和标准差。

5.2.2 考虑鱼类生境的水库生态调度模型构建

1. 目标函数

由丰满水库综合利用可知丰满水库以发电为主，同时需满足161m^3/s最小下泄流量，以满足下游的生产、生活及引松入长等的需求。同时在生态修复时，需要考虑以鱼类为指示物种的生态目标。经上述综合考虑，本书最终确定优化目标为多年平均发电量越大越好、发电保证率越大越好和生态目标函数值越大越好，各目标函数具体表达式如下：

$$\max E=\frac{1}{N}\sum_{t=1}^{T}E_t \tag{5.2-4}$$

$$\max p_{power}=\frac{M_{power}}{T+1} \tag{5.2-5}$$

$$\max f_{eco}=\max\frac{1}{N}\sum_{n-1}^{N}\sum_{i=1}^{5}\overline{\omega}_{i,n}\mu_{i,n} \tag{5.2-6}$$

式中：E为水库多年平均年发电量；E_t为时段t水库发电量；M_{power}为按保证出力发电次数；T为总的调度时段；N为总的调度年数；p_{power}为发电保证率。

2. 约束条件

(1) 水库水位约束。

$$\left.\begin{array}{ll}\text{汛期：} & Z_{dead}<Z_t<Z_{limit}\\ \text{非汛期：} & Z_{dead}<Z_t<Z_{normal}\end{array}\right\} \tag{5.2-7}$$

式中：Z_{dead}为水库死水位；Z_t为水库t时段水库水位；Z_{limit}为水库汛限水位；Z_{normal}为水库兴利蓄水位。

(2) 水量平衡约束。

$$V_{t+1}=V_t+I_t-R_{k,t}-L_t-SU_t \tag{5.2-8}$$

式中：V_t、V_{t+1}为水库t时段、$t+1$时段水库库容；I_t为水库t时段水库天然来水量；$R_{k,t}$为水库k用户t时段供水量；L_t为水库t时段蒸发、渗漏损失水量；SU_t为水库t时段弃水量。

（3）供水量约束。

$$R_{k,t,\min} \leqslant R_{k,t} \leqslant R_{k,t,\max} \tag{5.2-9}$$

式中：$R_{k,t}$为水库t时段k用户供水量；$R_{k,t,\min}$为水库k用户t时段最小需水量；$R_{k,t,\max}$为水库k用户t时段最大需水量。

（4）发电保证率约束。

$$p_{power} \geqslant 75\% \tag{5.2-10}$$

（5）流量要求。

$$q_{out} \leqslant q_{\max} \tag{5.2-11}$$

式中：q_{out}为水库下泄流量；$q_{\max}$为水库最大允许泄流量。

（6）出力要求。

$$N_t \leqslant N_{\max} \tag{5.2-12}$$

式中：N_t为t时段出力；$N_{\max}$为装机容量。

3. 决策变量

本研究设定了0.9倍限制出力线和1.1倍加大出力线两条调度决策线，两条调度线上各个控制点即为决策变量。

5.2.3　丰满水库生态调度方案设计

丰满水库运行多年，用水目标较为复杂，包含发电、供水、灌溉、生态等，尤其是丰满水库重建后，加大了发电装机容量，并且加入了吉林省中部城市引水工程。这些变化均会对鱼类产生影响，本书以丰满水库当前的调度图为基础，综合考虑鱼类生态目标、装机加大和中部城市引水工程的变化情况，设置4种不同的调度方案：①当前调度图下的方案；②考虑鱼类修复目标后的优化调度方案；③考虑鱼类修复目标且考虑装机加大的优化调度方案；④考虑鱼类修复目标、装机加大以及中部引水工程后的优化调度方案，见表5.2-2。

表5.2-2　丰满水库多目标调度方案

方案	调度图	中部引水量/亿 m^3	引松入长流量/(m^3/s)	供水流量/(m^3/s)	装机容量/万 kW
①	初始	无	11	150（灌溉350）	100.25
②	优化	无	11	150（灌溉350）	100.25
③	优化	无	11	150（灌溉350）	148.00
④	优化	6.13	11	150（灌溉350）	148.00

5.2.4　丰满水库生态调度结果分析

5.2.4.1　各方案结果分析

利用优化方法对表5.2-2中方案②～④优化求解，均会得到一组Pareto解。为了便于分析各方案调度结果，本书采用可视化工具DiscoverDV来直观展示各调度结果，见图5.2-1。其中，图5.2-1（a）是方案①在当前调度图下对现状的模拟结果，只有一组解；图5.2-1（b）～图5.2-1（d）所展示的是对方案②～④优化求解所得到的Pareto解，图中横坐标代表发电量；纵坐标代表生态目标值；颜色条代表的是发电保证率，从浅到深，发电保证率逐渐增大。

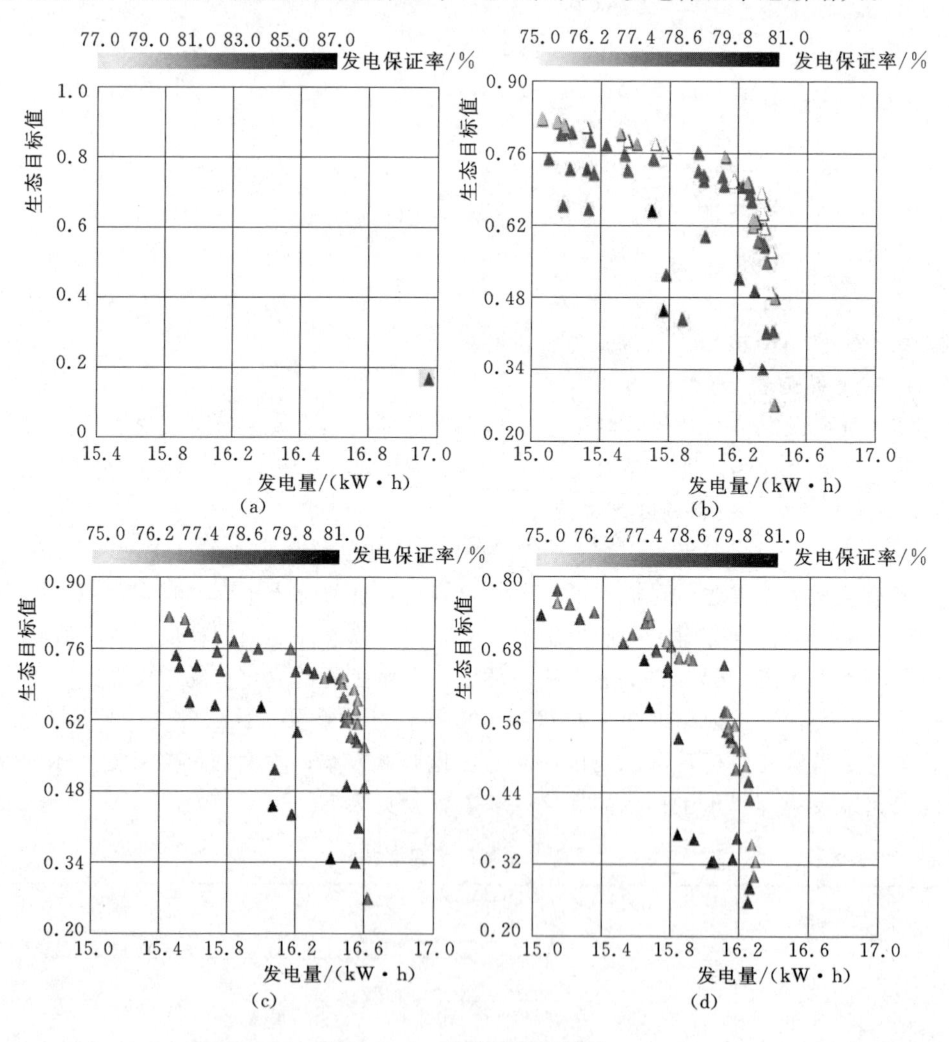

图5.2-1　各方案解集展示

与图5.2-1（a）相比，图5.2-1（b）各组解的发电量和发电保证率比较小，但生态目标值均大于图 5.2-1（a）的解，说明若增大生态目标值，会降低发电量和发电保证率。图 5.2-1（b）所对应的发电量的范围是 15.0 亿～16.4 亿 kW·h之间，图 5.2-1（c）发电量范围是 15.4 亿～16.4 亿 kW·h之间，图 5.2-1（c）发电量低范围值相对图 5.2-1（b）大一些，这是因为装机容量加大后，当来水较多、水位超过了防弃水线时，按加大后的装机容量发电；从解的分布上看，图 5.2-1（b）和图 5.2-1（c）生态目标值大都集中在0.62～0.72 之间，说明改变装机对考虑鱼类的水库优化调度中生态效益影响不大；图 5.2-1（d）是考虑了中部引水后的结果图，与图 5.2-1（c）相比，发电保证率的范围变化不大，但发电量的范围变为 15.0 亿～16.4 亿 kW·h，生态目标值的范围 0.24～0.79 之间，目标值的范围均变小，说明中部引水后对生态效益值影响较大，对发电效益稍有影响。

对方案②～④进行优化求解，均会得到一组 Pareto 解集，为对比各方案具体差异，本研究从众多 Pareto 解中按一定规则进行筛选用于比较，筛选规则为：丰满水库在发电量不小于 15.5 亿 kW·h、发电保证率不小于 75%、生态目标值不小于 0.5 的诸多解中选择出生态目标值最大的解，然后再按发电量最大、发电保证率最大依次筛选，筛选后的各方案解的结果见表 5.2-3，从表 5.2-3 中可以看出：①考虑采用优化的方式进行生态调度极大地提高了生态效益；②水库装机容量增大后生态效益有所减小，发电量、发电保证率有所提高；③水库装机容量增大的基础上，加入中部引水后，发电效益、生态效益均有所减小。

表 5.2-3　　各方案多目标调度结果

方案	发电量/(亿 kW·h)	发电保证率/%	生态目标值
①	16.99	85.0	0.183
②	15.55	75.3	0.626
③	15.80	78.2	0.620
④	15.57	77.3	0.520

表 5.2-3 中方案①是现状调度规则下，不考虑中部引水和发电装机容量加大情况下的运行结果；方案②是对方案①的优化，优化目标考虑发电量、发电保证率和生态目标值，与方案①相比，发电量减少了 8.4%，发电保证率降低了 9.7%，但生态目标值却由 0.183 提高到 0.626，极大提高了生态效益。进一步分析两方案中 IHA 代表性指标对比，结果见表 5.2-4，可知推荐的鱼类生态调度方案较原始调度方案而言最大流量出现时间、高流量脉冲数指标所对应的目标值均有所提升，这更有利于鱼类迁徙和产卵生境的改善；流量增加量指标提升很大，这更有利于营养物质在漫滩沉积，为鱼类觅食创造有利条件；最小 10d 流量指标也有所提升，但总体值仍偏小，这是因为非汛期入库流量较小，但下游供水

要求下泄流量较大，导致该指标对入库流量的目标隶属度值小；低流量脉冲有所降低，但该指标权重系数不大，对生态目标值的影响不大。

表 5.2-4　　　　优化调度前后 IHA 代表指标

IHA 代表指标	方案①	方案②
最小 10d 流量	0.004	0.062
最大流量出现时间	0.635	0.843
高流量脉冲数	0.582	0.766
低流量脉冲数	0.613	0.407
流量增加量	0.001	0.875

表 5.2-3 中方案③丰满水库重建加大了装机容量后的优化调度结果，与方案②相比，生态目标值只减少了 0.010，可认为生态目标值变化很小，但发电量提高了 1.58%，且发电保证率也提高了 2.9%，这是因为在丰水年份时，入库流量较大，水位超过放弃水水线时，电站实际出力会按装机容量发电，而方案③装机容量加大了 47.75 万 kW，使得多年平均年发电量增大。

表 5.2-3 方案④是丰满水库重建后考虑装机容量加大和中部引水工程后的优化调度结果。与方案③结果相比，发电量减少了 1.46%，发电保证率较低了 0.9%，生态目标值降低了 0.100。三个目标值均有所降低，但降低幅度比较小，这是因为吉林省中部引水工程是在丰满坝前引水，这相当于入库流量减少了，从而导致发电量、发电保证率和生态目标均下降。但由于中部引水工程年平均引水量为 6.18 亿 m^3，丰满水库年均净入库水量为 121.93 亿 m^3，引水量仅占入库水量的 5.07%，因此加入中部引水工程后，对丰满水库调度有一定影响，但影响有限。

5.2.4.2 多目标关系分析

对发电量、发电保证率和生态目标值的竞争协同关系分析时，可以以方案②的调度结果为例进行分析。方案②所得解集中有 65 个解，为直观展示这些解中各目标关系，采用 DiscoverDV 工具对 Pareto 解集进行可视化展示，见图 5.2-2，用以分析生态目标同其他目标用水之间关系。

图 5.2-2 (a) 是发电量、生态目标和发电保证率三者间的关系图，图 5.2-2 (b) 表明发电量和生态目标二者是竞争关系，同时可以看出发电量增大时，生态目标值减少，而且减少的速度越来越大，即生态目标与发电量间的竞争越来越剧烈，这是因为发电量和生态目标所要求的泄流形式是完全不同的：发电量和水位、泄流量有关，在水位一定时，泄流量越大发电量就越大；而生态目标值所要求的水文流量过程应尽可能与入流各生态流量指标平均值相同，随着生态目标的增大，对水库泄流影响越大，与发电所要求的泄流形式越不相同，与发电量间

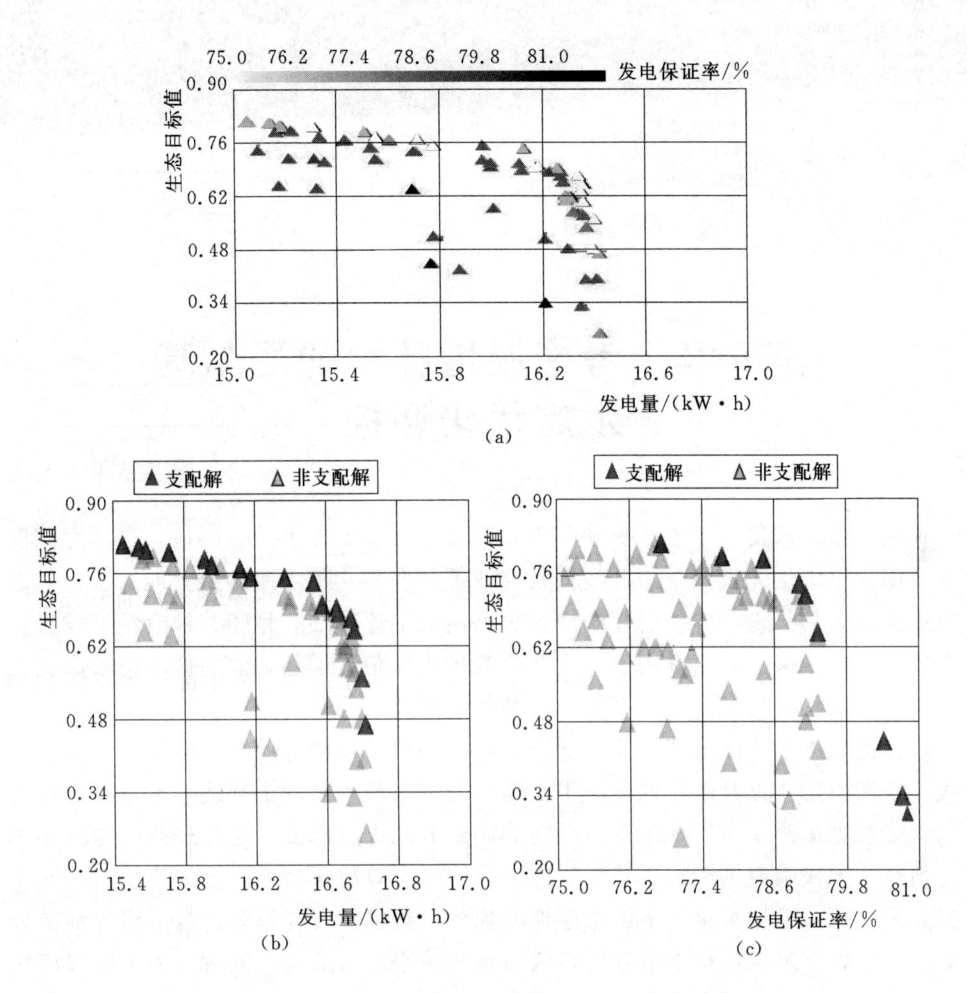

图 5.2-2 多目标优化调度模型 Pareto 最优解集

[注：(b)、(c) 两图中 Pareto 解相互交叉叠错时，三角形颜色加深]

的竞争就越激烈。图 5.2-2 (c) 说明生态目标和发电保证率也存在竞争关系，随着发电保证率的降低，生态目标值不断减小，且减小的速率越来越大，即竞争越来越剧烈，这是因为二者对泄流形式要求不一样，泄流越接近入流的平均值，则生态目标函数就越大；但泄流接近入流的平均值，却不一定保证各旬出力都大于保证出力，也就不能使发电保证率提高；并且泄流越接近天然径流均值时，越不利于发电保证率的提高。由上述分析可知，生态修复必然会牺牲一部分发电效益，包括发电量减少和发电保证率降低。

第6章　考虑湿地补水的尼尔基水库优化调控

对于湿地修复，本书主要利用水库调蓄保证湿地补水。一般地，在水库调度中，湿地供水优先级低于工业生活及农业等，在枯水年水库不给湿地补水，如遇到连续枯水的年份，容易引起湿地补水不足而加速萎缩。且随着社会经济发展及人口增长，未来工业生活用水、农业灌溉用水会随之增加，湿地补水易被高优先级用水户取代，将对湿地带来更为不利的影响。

为此，本书将湿地同工业生活、农业、环境、发电等用户一样设定供水限制线，水库根据水位及水库调度图中限制线的相对位置来确定湿地供水量，通过优化调度规则、改变当下水库供给湿地的调度方式进行修复。这样按照限制线与水位相对位置来确定供给水量的调度方式，能够有效防止高优先级用户挤占，改变当前调度规则下枯水年则不供给湿地的现象。依据该调度规则供水可以保证部分枯水年水库有定量水量供给湿地，减弱连续枯水年的影响。同时，为了应对流域未来用水变化，本书也开展了用水变化下的湿地优化调控研究，以避免由于用水变化导致的湿地恶化。

本章以湿地分布较广、湿地问题较为突出的嫩江流域为典型，在明确其控制性水利工程——尼尔基水库调度现状的基础上，进一步考虑湿地补水的多种情形，构建生态调度模型，进行相应的生态优化调控，具体研究内容如下：

(1) 明确尼尔基水库的天然来水情况、供水任务及当前兴利调度等原则，为构建生态调度模型奠定基础。

(2) 在湿地补水机制分析的基础上，增加湿地供水目标，结合尼尔基水库发电、工业生活供水等原始调度目标构建生态调度模型，设计湿地用水、工业生活用水及农业灌溉用水增加等多种调度方案，进行优化调度。通过研究这些方案，分析确定出湿地生境得以修复和维持条件下嫩江流域湿地、工业生活及农业用水增加的上限值，为流域未来水资源综合开发利用提供一定的参考。

6.1 尼尔基水库概况

6.1.1 水库概况及特性

尼尔基水库位于黑龙江省与内蒙古自治区交界的嫩江干流上，坝址右岸为内蒙古自治区莫力达瓦达斡尔族自治旗的尼尔基镇，左岸为黑龙江省讷河市二克浅乡，下距工业重镇齐齐哈尔市河道里程约152km，是一座具有多年调节性能的以防洪及工农业供水为主，结合发电、航运及水环境，并为松辽流域水资源的优化配置创造条件的大型控制性工程。该水库于2000年开工建设，于2010年全面竣工。水库工程主要由主坝、副坝、溢洪道、水电站厂房及灌溉输水洞（管）等建筑物组成。大坝总长7265.55m，最大坝高40.55m。水电站为河床式电站，装有4台ZZA833－LH－640型水轮发电机组，单机容量62.5MW，总装机容量为250MW，保证出力为35MW。

水库坝址以上控制流域面积6.78万km^2，占嫩江流域总面积29.85万km^2的22.7%，多年平均年径流量106.54亿m^3，占嫩江流域多年平均年径流量239.25亿m^3的44.5%。水库总库容86.10亿m^3，防洪库容23.68亿m^3，兴利库容59.68亿m^3，水库校核洪水位219.90m，正常蓄水位216.00m，死水位195.00m，防洪高水位218.15m，汛限水位213.37m，相应库容52.20亿m^3。正常运用洪水标准为千年一遇（15000m^3/s），非常运用洪水标准为可能最大洪水（24900m^3/s）。工程建成后，通过水库的调蓄作用，提高了下游哈尔滨、齐齐哈尔、大庆等地的防洪安全。水库设计多年运行特性表见表6.1－1。

表6.1－1　尼尔基水库设计多年运行特性表

项　目	特性指标	项　目	特性指标
校核洪水位/m	219.90	总库容/亿m^3	86.10
设计洪水位/m	218.15	防洪库容/亿m^3	23.68
防洪高水位/m	218.15	兴利库容/亿m^3	59.68
正常蓄水位/m	216.00	应急供水水位相应库容/亿m^3	9.99
汛限水位/m	213.37	死库容/亿m^3	4.88
应急供水水位/m	199.00	装机容量/MW	250.00
死水位/m	195.00	额定流量/(m^3/s)	1270.12

6.1.2 来水用水资料

6.1.2.1 入流资料三性审查

1. 年径流系列可靠性审查

本书采用的入流数据已经剔除了观测中的负值数据或跳跃性过大的异常数

据，并针对异常及缺测的数据采用线性插值的方式进行了修正和补充，资料满足可靠性要求。

2. 年径流系列一致性审查

本书尼尔基水库入流资料均采用其上游临近水文测站——尼尔基测站的流量观测资料，资料满足一致性要求。

3. 年径流系列代表性分析

本书收集到的尼尔基水库1956—2013年共58年的入库径流资料，多年平均年来水量为106.54亿m^3，历年入库径流资料见图6.1-1。该入流资料长度足够长，出现几组完整的丰、平、枯周期变化过程，年入流资料呈现丰水年组和枯水年组交替的现象，既出现1984年、1988年、1998年及2013年等特丰水年，又出现了1974年、1979年、2002年、2007年及2008年等特枯水年，综合上述分析可认为所选的入库径流资料具有较好的代表性。

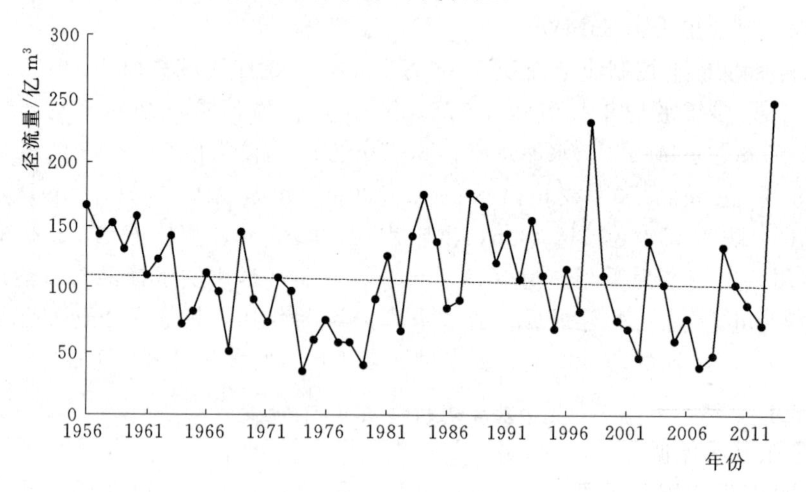

图6.1-1 尼尔基水库1956—2013年58年的入库径流量

6.1.2.2 用水资料

《尼尔基水库调度手册》中2015年各业需水量：工业及生活需水量为10.29亿m^3；农田灌溉需水量为16.46亿m^3；湿地（渔苇）需水量为3.28亿m^3；环境需水量为4.75亿m^3。

6.1.3 兴利调度要求及原则

《尼尔基水库调度手册》中水库的兴利调度设计以不改变水库的任务为原则，水库对下游各业供水采用补偿供水的方式进行。水库在4—9月主要以补偿供水为主，结合发电，在实际运行时将该时期确定为补偿供水期；而水库在当年10月至翌年3月，发电供水量远大于补偿供水量，在实际运行时，将该期确定为发电供水期。在按设计发电供水调度运行时，应满足下游城镇居民工业用水及环境用水的设计最小流量要求。兴利调度的原则如下：

(1) 汛期兴利调度服从防洪调度。在汛期（6月21日至8月25日），控制水库水位不超过汛限水位213.37m运行。

(2) 4—9月为补偿供水期。水库以补偿供水为主，结合发电。水库根据下游控制断面的流量情况及放流目标表6.1-2来放流。

(3) 10月至翌年3月为发电供水期。水库合理控制水库蓄水位，根据保证出力要求适当调整出力进行放流发电。

表6.1-2　　尼尔基水库补偿供水期放流目标　　单位：m^3/s

<table>
<tr><th colspan="2">项　目</th><th>时间</th><th>4月</th><th>5月</th><th>6月</th><th>7月</th><th>8月</th><th>9月</th></tr>
<tr><td rowspan="12">综合供水目标</td><td rowspan="3">正常供水加大出力区</td><td>上旬</td><td>165</td><td>414</td><td>400</td><td>611</td><td>328</td><td>195</td></tr>
<tr><td>中旬</td><td>187</td><td>661</td><td>420</td><td>611</td><td>328</td><td>195</td></tr>
<tr><td>下旬</td><td>160</td><td>661</td><td>390</td><td>611</td><td>328</td><td>195</td></tr>
<tr><td rowspan="3">减少供水保证出力区</td><td>上旬</td><td>121</td><td>259</td><td>217</td><td>407</td><td>303</td><td>191</td></tr>
<tr><td>中旬</td><td>143</td><td>352</td><td>237</td><td>407</td><td>303</td><td>191</td></tr>
<tr><td>下旬</td><td>116</td><td>352</td><td>207</td><td>407</td><td>303</td><td>191</td></tr>
<tr><td rowspan="3">减少供水0.7倍保证出力区</td><td>上旬</td><td>110</td><td>193</td><td>151</td><td>307</td><td>248</td><td>186</td></tr>
<tr><td>中旬</td><td>132</td><td>220</td><td>171</td><td>307</td><td>248</td><td>186</td></tr>
<tr><td>下旬</td><td>105</td><td>220</td><td>141</td><td>307</td><td>248</td><td>186</td></tr>
<tr><td rowspan="3">减少供水0.5倍保证出力区</td><td>上旬</td><td>110</td><td>193</td><td>151</td><td>307</td><td>248</td><td>186</td></tr>
<tr><td>中旬</td><td>132</td><td>220</td><td>171</td><td>307</td><td>248</td><td>186</td></tr>
<tr><td>下旬</td><td>105</td><td>220</td><td>141</td><td>307</td><td>248</td><td>186</td></tr>
</table>

《尼尔基水库调度手册》中确定各部门用水保证率及允许破坏深度，其中，尼尔基水库供水对象的设计保证率分别为：工业及城镇生活95%、农业灌溉75%、湿地50%、环境保护95%、航运90%。若各业供水破坏，则工业及城镇生活、环境保护、农业灌溉按需水的80%供水；航运期航运用水为8.2亿m^3（考虑到环境用水和航运用水可以共用，本书将环境用水由4.75亿m^3提高至13.65亿m^3，满足航运用水需求，故不予额外考虑航运用水需求）；湿地在来水频率为$P=75\%\sim50\%$年份按需要的50%供水，在$P=75\%$以上年份不供水。本书考虑到各用户用水优先级高低顺序及生态修复目标需求对其做了适当调整，工业及城镇生活、农业灌溉、环境保护等供水保证率不变、湿地供水保证率提高至75%，且湿地与其他用水户一样设置供水限制线，根据水库水位及供水限制线的相对位置确定供水量。当工业及城镇生活、环境用水破坏时，按需水的90%供水，农业灌溉按70%供给，湿地按50%供给。

根据以上原则，《尼尔基水库调度手册》中编制的调度图见图6.1-2。

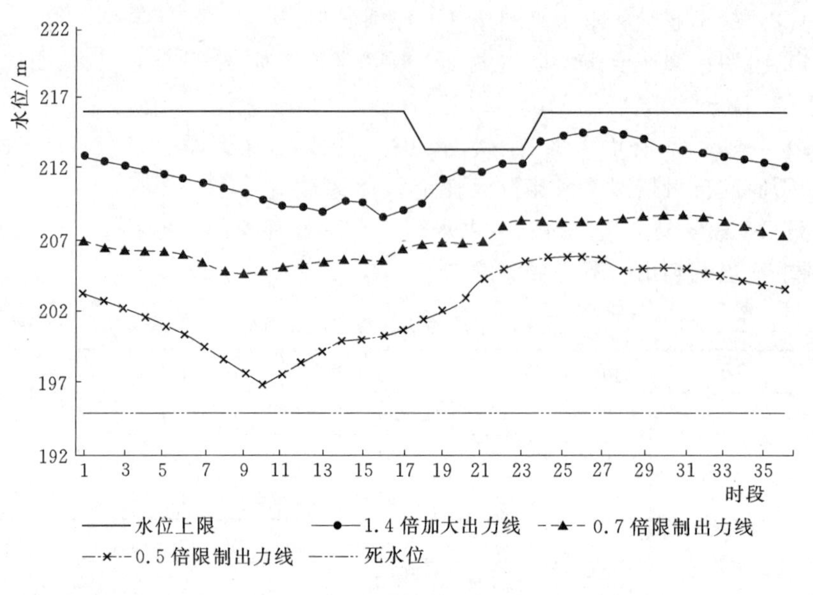

图 6.1-2　尼尔基水库调度图

经模拟发现加大出力系数越大，水库水位会迅速降低，而导致发电量减少保证率降低，故考虑降低该加大系数。此外，降低该系数不会降低工业生活、农业等用户的用水保证率，故在使用该调度图时将加大出力系数由 1.4 调整至 1.1 倍。

6.2　考虑湿地补水的尼尔基水库优化调控

6.2.1　湿地补水机制确定

由于水库调蓄补给湿地的水量受其他用水限制，需要充分考虑湿地补水效果、补水途径等，为此湿地修复研究需确定出水库向湿地补给的补给水量、补水方式、补水时间、补水路径等补水机制。

据《尼尔基水利枢纽配套项目黑龙江省引嫩扩建骨干一期工程环境影响报告书》所述，湿地可以选择每年补水和间隔性补水两种补水方式，其中每年补水方式主要是将每年分配给湿地的补水量以洪峰的方式在最短的时间内放入湿地，间隔性补水方式是在上游来水许可的情况下将两年或三年的水量集中起来，以洪峰的方式在尽可能短的时间内补给湿地。考虑到尼尔基水库调节操作方便，本书选择每年补水的方式进行湿地补水。而对于湿地补水时间，《尼尔基水利枢纽配套项目黑龙江省引嫩扩建骨干一期工程环境影响报告书》指出每年 9 月下旬至 10 月为最佳时间，因为鹤类繁殖期在 4—6 月，农业用水高峰期在 4—7 月，这段时间补水可以避开鹤类产卵孵化期和农业用水高峰期，且秋季补水后冬季结冰的冰面可以有效地阻隔大火的蔓延，可很好地遏制湿地火灾的发生，有效地保护湿地（一般冬季植物杂草枯萎，水面较小，容易发生火灾，对湿地产生极大危害）。尼尔基水库水流下泄至取水口需要10～20d左右，从取水口至湿地核心区需要十多天时间。综合考虑输水时长及汛期丰沛水量，确定尼尔基补给湿地的时间为8月下旬至9月下旬。补水路径主要是通过北、中引水工程、引嫩入白引水工程中湿地补给管道往黑龙江西部湿地及吉林西部湿地补水。

6.2.2 生态目标的确定

湿地补水量是湿地面积维持的关键因素，对于尼尔基水库调蓄的湿地修复，以湿地供水保证利率最大为水库调度的生态目标。

此外，嫩江河道环境水量为4.75亿m^3，尚不能满足Tennant法和《建设项目水资源论证导则》中最小生态流量的要求，也不能满足7Q10法的生态流量要求（表6.2-1），后期随着其他用户用水量的增加，易造成对河道生境的进一步破坏，故本书依据逐旬最小生态流量法（历史水库入流资料每旬的最小值作为该旬的最小生态流量）计算出满足生态流量要求和环境流量要求的下游河道最小生态环境需水量为13.65亿m^3（各旬流量过程见图6.2-1），按该水量对下游河道进行补给，并以该环境供水保证率最大为另一生态调度目标。

表6.2-1　生态流量要求

项目	方法或要求	流量要求/(亿m^3/a)	备注
生态流量要求	Tennant法	5.32	河流最低环境流量不应小于多年平均流量的10%，水量充沛则不低于5%
	最小月平均径流法	2.10	最小月平均实测径流量的多年平均值
	《建设项目水资源论证导则》的要求	10.60	不应小于多年平均流量的10%
环境用水要求	7Q10法	2.82	90%保证率最枯连续7日的平均水量

6.2.3 基于湿地补水的尼尔基水库调度模型构建

1. 目标函数

为完成生态调度方案的制订，本书构建了尼尔基水库的生态调度模型。对于尼尔基水库而言，既要满足下游发电要求，又要满足供水要求，同时需要满足生态需求，其优化调度的主要目标是水库发电量越大越好、工业与生活用水保证率越大越好、环境用水保证率越大越好、农业用水保证率越大越好、湿地用水保证率越大越好。水库目标函数的具体表达式如下：

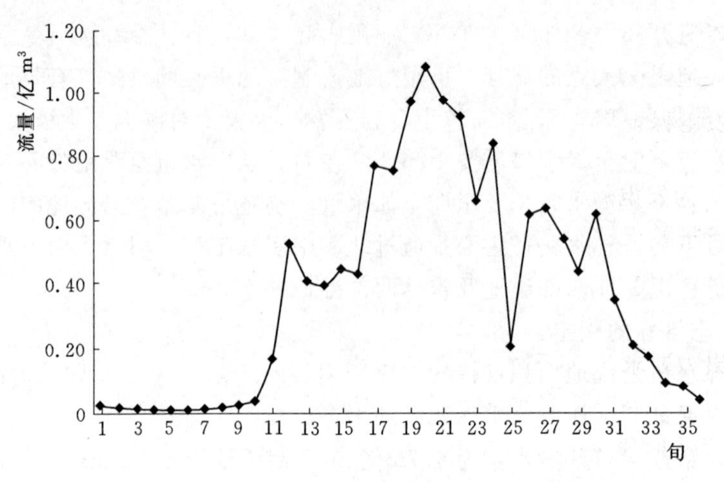

图 6.2-1　最小生态环境流量年内分配过程

$$\max E=\frac{1}{N}\sum_{t=1}^{T}E_t \tag{6.2-1}$$

$$\max p_k=\frac{M_k}{T+1} \tag{6.2-2}$$

式中：E为水库多年平均年发电量；E_t为时段t水库发电量；k为水库不同用水户，包括工业与生活用水户、环境用水户、农业用水户、湿地用水户；M_k为用水户k供水满足次数；T为总的调度时段；N为总的调度年数；p_k为用水户k的保证率。

2. 约束条件

（1）水库水位约束。

汛期：$Z_{dead}<Z_t<Z_{limit}$

非汛期：$Z_{dead}<Z_t<Z_{normal}$　　（6.2-3）

式中：Z_{dead}为水库死水位；Z_t为水库t时段水库水位；Z_{limit}为水库汛限水位；Z_{normal}为水库兴利蓄水位。

（2）水量平衡约束。

$$V_{t+1}=V_t+I_t-R_{k,t}-L_t-SU_t \tag{6.2-4}$$

式中：V_t、V_{t+1}分别为水库t时段、$t+1$时段水库库容；I_t为水库t时段水库天然来水量；$R_{k,t}$为水库k用户t时段供水量；L_t为水库t时段蒸发、渗漏损失水量；SU_t为水库t时弃水量。

（3）供水量约束。

$$R_{k,t,\min}\leqslant R_{k,t}\leqslant R_{k,t,\max} \tag{6.2-5}$$

式中：$R_{k,t}$为水库t时段k用户供水量；$R_{k,t,\min}$为水库k用户t时段最小需水量；$R_{k,t,\max}$为水库k用户t时段最大需水量。

（4）供水保证率约束。

$$p_k \geqslant P_k \tag{6.2-6}$$

式中：P_k 为水库 k 用户必须达到的供水保证率。

（5）发电保证率约束。

$$p_{power} \geqslant 85\% \tag{6.2-7}$$

式中：p_{power} 为发电保证率。

（6）流量要求。

$$q_{out} \leqslant q_{\max} \tag{6.2-8}$$

式中：q_{out} 为水库下泄流量；$q_{\max}$ 为水库最大允许泄流量。

（7）出力要求。

$$N_t \leqslant N_{\max} \tag{6.2-9}$$

式中：N_t 为 t 时段出力；$N_{\max}$ 为装机容量。

3. 决策变量

本书针对工业生活、环境、农业、湿地这 4 个用水户均设置了供水限制线，对发电设置了 1.1 倍的加大出力线，0.7 倍及 0.5 倍的限制出力线，决策变量为工业生活供水限制线、环境供水限制线、农业供水限制线、湿地供水限制线、加大出力线及两条减小出力线上各个水位控制点。

6.2.4 尼尔基水库生态调度方案设计

根据《尼尔基水库调度手册》，水库 2015 年城市工业生活用水需求为 10.29 亿 m^3，农业灌溉需水 16.46 亿 m^3，环境需水 4.75 亿 m^3，湿地需水 3.28 亿 m^3。本书将环境用水提至 13.65 亿 m^3，即总供水需求不到 50 亿 m^3，而尼尔基水库多年平均入库流量 106.54 亿 m^3，定性判断当前湿地用水与其他各用户用水竞争程度不高，未来用水可有较大的增幅。为了验证此定性分析，本书在当前用水需求下优化得到 Pareto 解，利用其分析湿地用水同其他目标用水之间的关系，为生态调度方案设计提供基础。

1. 多目标协调机制分析

本书中多目标竞争协同关系的分析主要利用可视化分析工具 DiscoveryDV，将复杂数据所包含的信息进行图形化表示，展示出数据背后所蕴含的信息，为分析以及找出规律提供了强有力的手段。湿地与各用户的用水关系见图 6.2-2，从中可知：湿地用水保证率与年均发电量、发电保证率存在一定竞争关系，但竞争不激烈，与工业生活、环境、农业用水保证率竞争不显现竞争关系。即在 2015 年用水条件下湿地与供水目标之间不存在竞争关系与发电目标之间存在一定的竞争关系。即在 2015 年用水条件下湿地与其他供水目标之间几乎不存在竞争关系，与发电目标之间存在一定的竞争关系。湿地与其他供水目标之间几乎不存在竞争关系这主要是因为在 2015 年的用水条件下，用水与来水相比水量较小，用水不紧张。即使是 95%的特枯水年，其来水为 42.53 亿 m^3，也几乎能满足 2015 年 43.68 亿 m^3 的用

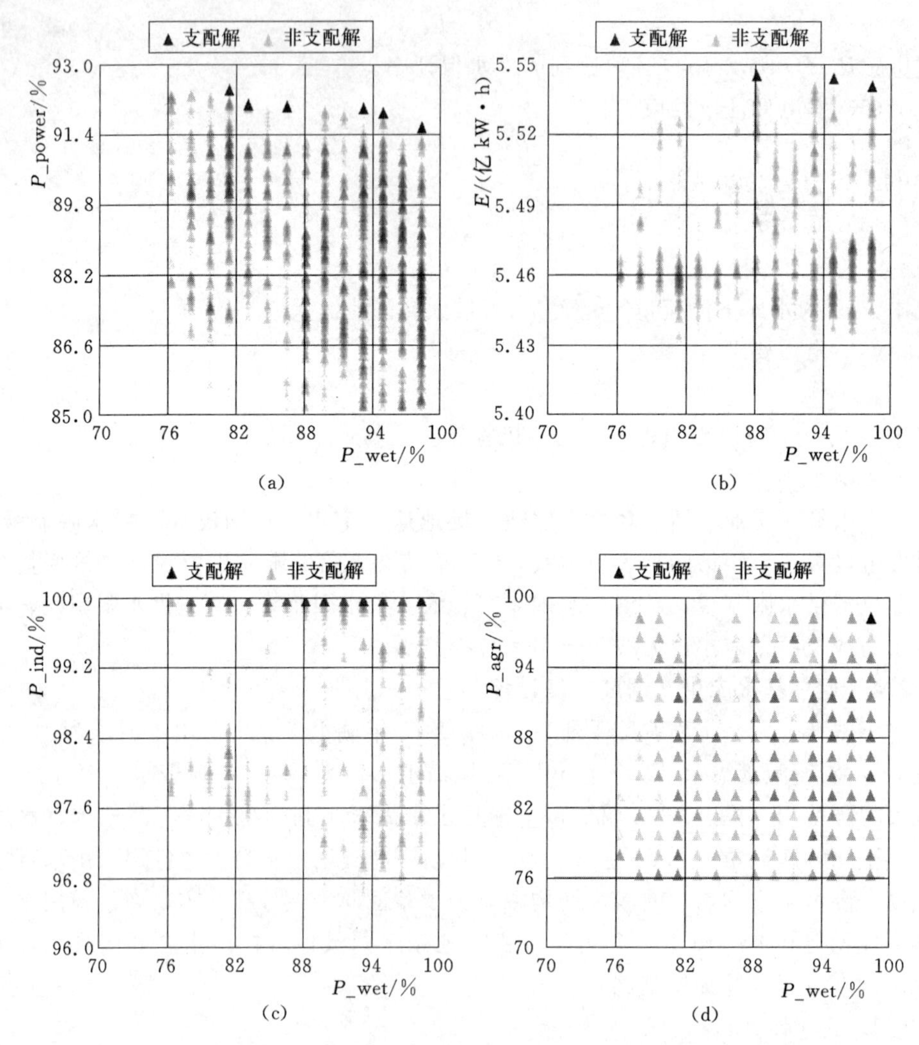

图 6.2-2　湿地用水目标与其他用水目标关系

（注：图中 Pareto 解相互交叉叠错时，三角形颜色加深）

水需求。湿地与供水目标不竞争而与发电目标呈现一定竞争关系是由调度规则决定的，依据本书制定的调度规则，下泄水量取由发电调度图确定的发电下泄水量与供水调度图确定的供水下泄水量之间的大值，5—10 月，以补偿供水为主，对于发电而言下泄了更多水，降低了水位，发电量和发电保证率均受到影响。

图 6.2-2 中 E 为发电量；P _ wet 为湿地用水保证率；P _ power 为发电保证率；P _ ind 为工业及生活用水保证率；P _ agr 为农业用水保证率；环境用水保证率和湿地用水保证率关系与工业及生活用水保证率相同，这里没有单列。

2. 生态方案设计及分析

依据多目标协调机制分析可知，当前工业生活、农业等的用水量、湿地用水量需求不大，未来增加用水的空间大。随着人类对水生环境认知水平的提高，工农业基地的进一步开发，未来嫩江流域湿地用水、工业生活用水及农业灌溉用水等均有可能增加。对于湿地用水而言，其分配水量增加至一定程度可能会影响其他各行业用水，需要确定出湿地分配水量的允许值以控制补水量，保证对其他各行业用水的影响最小；对于工业生活用水及农业灌溉用水而言，其用水增加会对湿地产生影响，为了防止用水需求增加对湿地用水的影响，需要确定出工业生活用水需求增加及农业灌溉用水增加的允许值。为此，本书制定了13种逐步增加湿地用水、工业生活用水、农业用水的生态调度方案，见表6.2-2。

表6.2-2　　尼尔基水库生态调度方案　　单位：亿 m^3

<table>
<tr><th>方案</th><th>工业及生活用水量</th><th>农业用水量</th><th>环境用水量</th><th>湿地用水量</th></tr>
<tr><td>(1)</td><td rowspan="5">10.29</td><td rowspan="9">16.46</td><td rowspan="13">13.65</td><td>3.28</td></tr>
<tr><td>(2)</td><td>6.50</td></tr>
<tr><td>(3)</td><td>10.00</td></tr>
<tr><td>(4)</td><td>13.00</td></tr>
<tr><td>(5)</td><td>16.00</td></tr>
<tr><td>(6)</td><td>20.00</td><td rowspan="8">3.28</td></tr>
<tr><td>(7)</td><td>30.00</td></tr>
<tr><td>(8)</td><td>35.00</td></tr>
<tr><td>(9)</td><td>40.00</td></tr>
<tr><td>(10)</td><td rowspan="4">10.29</td><td>20.00</td></tr>
<tr><td>(11)</td><td>25.00</td></tr>
<tr><td>(12)</td><td>30.50</td></tr>
<tr><td>(13)</td><td>32.00</td></tr>
</table>

6.2.5 尼尔基水库生态调度结果分析

6.2.5.1 各方案调度结果分析

采用上文介绍的优化算法进行求解，得到各方案Pareto解，综合考虑各目标从Pareto解中优选出各生态调度方案的最终解，其调度结果见表6.2-3。对调度方案结果分析可知：

（1）随着湿地、工业生活及农业用水的增加，发电量及各业保证率整体呈现下降趋势。

（2）湿地用水增至13亿 m^3，各目标用水保证率影响不大（保证率有所降低但满足要求），当湿地补水超过13亿 m^3，如方案（5），发电保证率难以满足要

表 6.2-3　　尼尔基水库调度方案结果

方案	保证率/%					平均年发电量/(亿 kW·h)
	工业	环境	农业	湿地	发电	
(1)	99.95	99.95	91.53	86.44	88.22	5.50
(2)	99.86	98.32	79.66	77.97	86.17	5.49
(3)	97.99	97.22	76.27	77.97	85.02	5.45
(4)	96.89	96.17	76.27	76.27	85.11	5.41
(5)	96.65	95.79	76.27	76.27	81.04	5.38
(6)	99.19	98.80	81.36	79.66	85.73	5.47
(7)	97.32	96.84	79.66	79.66	85.06	5.42
(8)	95.26	95.02	76.27	77.97	85.02	5.40
(9)	95.26	95.02	50.85	57.63	72.14	5.39
(10)	98.56	98.04	88.14	89.83	87.51	5.45
(11)	97.56	96.79	84.75	83.05	85.69	5.42
(12)	95.64	95.12	79.66	79.66	85.02	5.39
(13)	95.55	94.54	74.58	86.44	82.53	5.39

求，且经反复试算发现必有用户用水保证率得不到满足，见图 6.2-3。

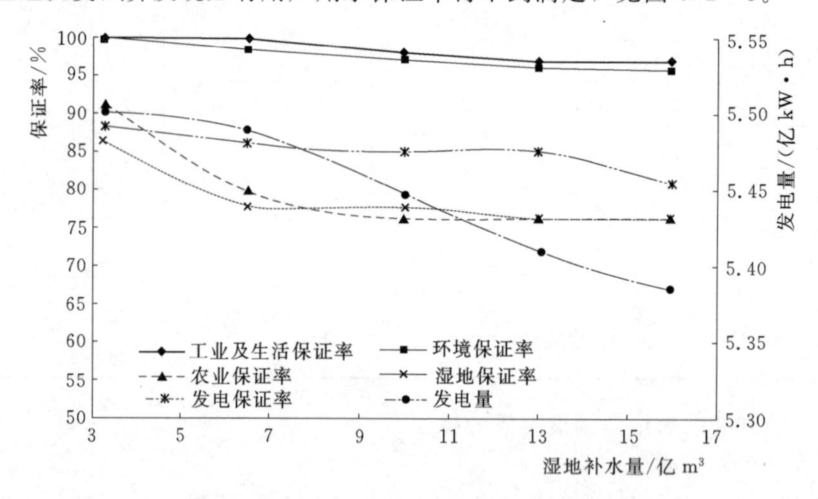

图 6.2-3　湿地补水变化下各目标变化情况

(3) 工业生活用水增加至 35 亿 m³，用户用水保证率均能满足要求，当超过 35 亿 m³ 时，如方案 (9)，对各业用户用水的影响逐渐凸显：为保证高优先级用户用水，发电、农业、湿地等低优先级用户用水得不到满足，如果继续增加用水，高优先级用户用水也将无法得到满足，在方案 (9) 中环境用水已降至 95%、发电降至 85%，继续增加工业生活用水，这些用户用水保证率将难以得

到满足，见图 6.2-4。

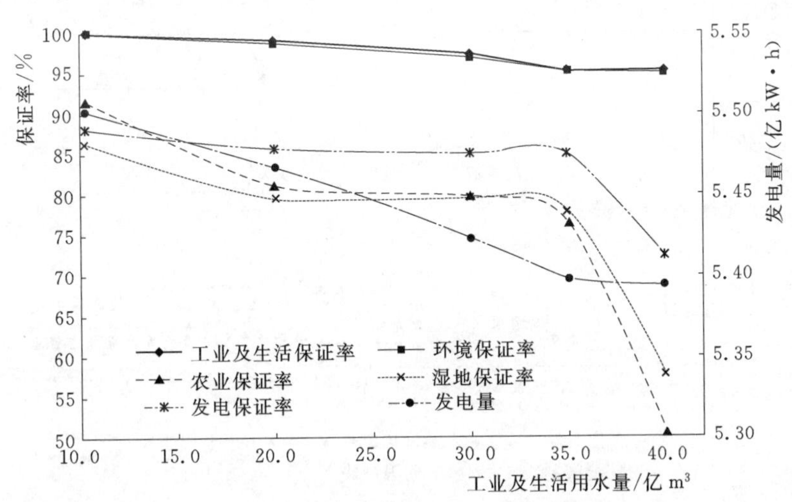

图 6.2-4 工业需水变化下各目标变化情况

(4) 农业用水增至 30.5 亿 m³，用户用水保证率均能满足要求，当超过 30.5 亿 m³ 时，如方案 (13)，对各业用户用水的影响逐渐凸显，见图 6.2-5。

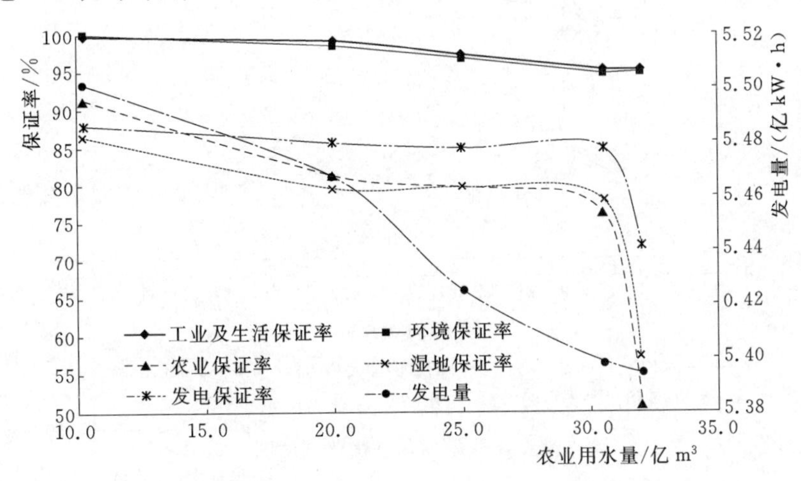

图 6.2-5 农业需水变化下各目标变化情况

由上述结果可知，当前水库用水需求不大，能够应对未来用水量的增加。据结果分析：若仅考虑湿地修复，则湿地补水上限为 13 亿 m³；若仅考虑工业生活发展，则工业生活用水量上限为 35 亿 m³；若仅考虑农业发展，则农业用水量上限为 30.5 亿 m³。今后在水资源管理配置或调度运行中，管理者完全可以适当增加尼尔基水库的供水任务，以提高水资源利用率。

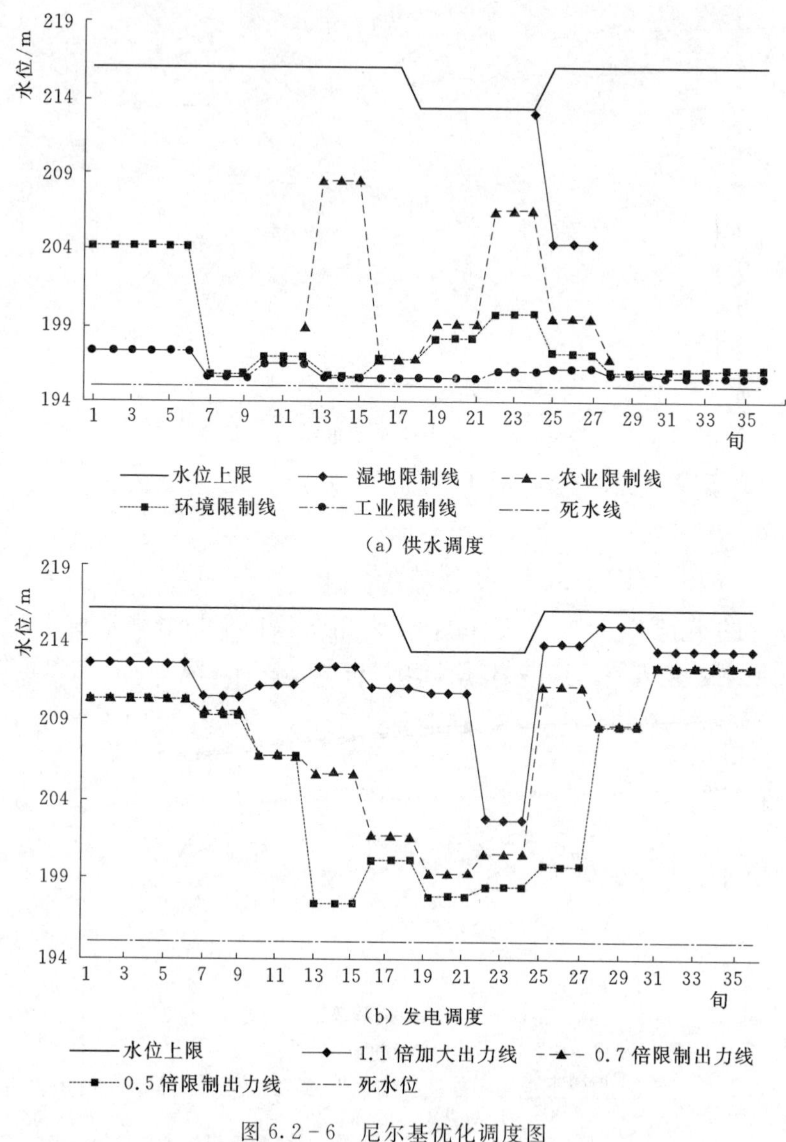

图 6.2－6　尼尔基优化调度图

6.2.5.2　调度规则合理性分析

以方案（1）为例，其调度规则见图 6.2－6。供水调度图中工业与生活限制线较低，因为其供水优先级最高，供水时尽可能最先保证其用水得到满足；环境用水限制线也较低，部分时段与工业生活重叠，这是因为环境用水优先级也较高，供水时同样要尽可能满足其用水需求，只是在春季环境供水限制线位置相对其他季节较高，这是因为这一时期水库水位较上一年汛期水位明显降低不少，提高水库供水限制线可以保证这一时期水库水位较低时适当限制供水，防止出现深度破坏；农业用水限制线在汛期较低，汛前和汛后相对较高以保证汛期多供水汛后储存水以防出现深度破坏；湿地供水限制线最高，这是因为其供水优先级最低，当水库水量不足时先限制其供水，先优先保证其他用户供水。发电调度图中加大出力线及两条限制出力线在汛期均较低，以保证汛期充沛的水量可以尽可能地多发电，而在其他时段其位置相对较高，以限制水库非汛期下泄过多水量水库处于低水位运行而降低发电量及发电保证率。整体而言，该调度图较为合理。

参 考 文 献

[1] 水利部松辽水利委员会. 松花江流域综合规划 [R]. 2013.

[2] 王晓妮，尹雄锐. 松花江流域旱涝事件水利应对措施 [J]. 水利发展研究，2016，10.

[3] 钟科元，郑粉莉. 1960—2014年松花江流域降雨侵蚀力时空变化研究 [J]. 自然资源学报，2017，32 (2)：278-291.

[4] 陈可心. 1951—2013年松花江、黑龙江流域降水概况的研究 [J]. 黑龙江气象，2016，33 (4)：13-14.

[5] 范立君，马馨雨. 松花江流域洪涝灾害成因探源（1949—1985）[J]. 吉林师范大学学报（人文社会科学版），2016 (2)：72-75.

[6] 水利部松辽水利委员会. 松花江志：第1卷 [M]. 长春：吉林人民出版社，2004：324.

[7] 吴蓓. 近代松花江流域水利开发研究 [D]. 长春：吉林大学，2008.

[8] 水利部松辽水利委员会. 中国江河防洪丛书 松·松花江卷 [G]. 北京：水利电力出版社，1994：50.

[9] 王苏民，窦鸿身. 中国湖泊志 [M]. 北京：科学出版社，1998.

[10] 张觉民. 中国的冷水性鱼类及其开发利用 [J]. 鲑鳟鱼业，1990，3 (1)：1-20.

[11] 陈海燕，董崇智. 黑龙江水系冷水性鱼类组成 [J]. 黑龙江水产，2004 (2)：40-42.

[12] 于宏兵，周启星，等. 松花江流域生态演变与鱼类生态 [M]. 天津：南开大学出版社，2013.

[13] 吴晓春，等. 河流生态变更与评价——我国重要江河生态评价实证研究 [M]. 北京：中国环境出版社，2015.

[14] 国家地球系统科学数据共享平台 [EB/OL]. [2017-01-03]. http：//www.geodata.cn.

[15] 《气候变化国家评估报告》编写委员会. 气候变化国家评估报告 [M]. 北京：科学出版社，2007：202-210.

[16] 孙凤华，杨素英，陈鹏师. 东北地区近44年的气候暖干化趋势分析及可能影响 [J]. 生态学杂志，2005，24 (7)：751-755.

[17] 汤洁，汪雪格，李昭阳. 基于CA-Markov模型的吉林省西部土地利用景观格局变化趋势预测 [J]. 吉林大学学报（地球科学版），2010，40 (2)：405-411.

[18] 汪雪格. 吉林西部生态景观格局变化与空间优化研究 [D]. 长春：吉林大学，2008.

[19] 郭跃东，何艳芬. 松嫩平原湿地动态变化及其驱动力研究 [J]. 湿地科学，2005，3 (1)：54-59.

[20] 金春久，赵峰，孟庆红，等. 湿地在松花江流域防洪抗旱中的作用及保护措施初探 [J]. 水资源保护，1999，58 (4)：3-4.

[21] 裘善文，张柏，王志春. 中国东北平原西部荒漠化现状、成因及其治理途径研究 [J]. 第四纪研究，2005，25 (1)：63-72.

[22] 宋小燕，穆兴民，高鹏，等. 松花江哈尔滨站近100年来径流量变化趋势 [J]. 自然资源学报，2009，24 (10)：1803-1809.

[23] 王彦君，王随继，苏腾. 1955—2010年松花江流域不同区段径流量变化影响因素定量评估 [J]. 地理科学进展，2014，33 (1)：65-75.

[24] Kendall M G. Rank Correlation Methods [M]. London：Charles Griffin，1975.

[25] Kottegoda N T. Stochastic Water Resources Technology [M]. London：The MacMillan Press LTD，1980.

[26] 章诞武，丛振涛，倪广恒. 基于中国气象资料的趋势检验方法对比分析 [J]. 水科学进展，2013，24 (4)：490-496.

[27] 党连文. 松花江流域水利建设成就与展望 [J]. 东北水利水电，1990 (10)：1-8.

[28] 张觉民. 黑龙江省鱼类志 [M]. 哈尔滨：黑龙江科学技术出版社，1995.

[29] 赵帅，赵文阁，刘鹏. 松花江干流内江至同江段鱼类物种资源调查 [J]. 农学学报，2011.

[30] 于常荣，张耀明. 第二松花江鱼类区系分布特征的调查研究 [J]. 海洋湖沼通报，1984 (1)：57-63.

[31] 王双旺，张金萍，倪伟. 《松花江流域综合规划》概要 [J]. 东北水利水电，2013，31 (7)：13-17.

[32] 刘子玥，王辉，霍璐阳，等. 松花江流域湿地保护生态补偿机制研究 [J]. 湿地科学，2015，13 (2)：202-206.

[33] 吴计生，刘洪超，徐海岩. 松花江流域水生态系统保护状况及问题研究 [C]. 中国水利学会环境水利专业委员会2016年学术年会论文集，2009.

[34] 陈敏建，丰华丽，李和跃. 松辽流域生态需水研究 [M]. 北京：中国水利水电出版社，2009.

[35] 郭文献，夏自强，王鸿翔. 河流生态需水及生态调控理论与实践 [M]. 北京：中国水利水电出版社，2013.

[36] 余文公. 三峡水库生态径流调度措施与方案研究 [D]. 南京：河海大学，2007.

[37] 盛杰，郭学仲，陈晓霞. 基于RVA法的水库生态调度研究 [J]. 中国农村水利水电，2012 (6)：14-16.

[38] 张洪波. 黄河干流生态水文效应与水库生态调度研究 [D]. 西安：西安理工大学，2009.

[39] 王旭，庞金城，雷晓辉，等. 水库调度图优化方法研究评述 [J]. 南水北调与水利科技，2010，8 (5)：71-75.

[40] 温进化，陆列寰，何江波，等. 基于遗传算法的梯级水库优化调度图研究 [J]. 安徽农业科学，2011，39 (31)：19640-19642.

[41] Liu P，Guo S，Xu X，et al. Derivation of Aggregation-Based Joint Operating Rule Curves for Cascade Hydropower Reservoirs [J]. Water Resources Management，2011，25 (13)：3177-3200.

[42] 程春田，杨凤英，武新宇，等. 基于模拟逐次逼近算法的梯级水电站群优化调度图研究 [J]. 水力发电学报，2010，29 (6)：71-77.

[43] 黄强，张洪波，原文林，等. 基于模拟差分演化算法的梯级水库优化调度图研究 [J]. 水力发电学报，2008，27 (6)：13-17.

[44] 钟琦，张勇传. 水电站径流调节和水库调度图的计算方法的研究 [J]. 人民长江，1987 (12)：29-34.

[45] Hsu S Y, Tung C P, Chen C J, et al. Application to Reservoir Operation Rule - Curves [C]. Word Water and Environmental Resources Congress, 2014: 1 - 10.
[46] 李昱. 复杂水库群供水优化调度方法及应用研究 [D]. 大连：大连理工大学，2016.
[47] Needham J T, Watkins D W J, Lund J R, et al. Linear programming for flood control in the Iowa and Des Moines Rivers [J]. Journal of Water Resources Planning & Management, 2000, 126 (3): 118 - 127.
[48] Ikura Y, Gross G. Efficient Large - Scale Hydro System Scheduling with Forced Spill Conditions [J]. IEEE Power Engineering Review, 1984, 4 (12): 35.
[49] Robinett R D I, Wilson D G, Eisler R G, et al. Applied Dynamic Programming for Optimization of Dynamic System [J]. 2005.
[50] 刘攀，郭生练，李玮，等. 遗传算法在水库调度中的应用综述 [J]. 水利水电科技进展，2006，26 (4)：78 - 83.
[51] Fonseca C M, Fleming P J. Genetic Algorithms for Multiobjective Optimization: Formulation Discussion and Generalization [C]. International Conference on Genetic Algorithms. Morgan kaufmann Publishers Inc, 1993: 416 - 423.
[52] 胡铁松，万永华，冯尚友. 水库群优化调度函数的人工神经网络方法研究 [J]. 水科学进展，1995，6 (1)：53 - 60.
[53] 谢维，纪昌明，吴月秋，等. 基于文化粒子群算法的水库防洪优化调度 [J]. 水利学报，2010，41 (4)：452 - 457.
[54] 杨子俊，王丽萍，邵琳，等. 基于粒子群算法的水电站水库发电调度图绘制 [J]. 电力系统保护与控制，2010，38 (14)：59 - 62.
[55] 刘波，王凌，金以慧. 差分进化算法研究进展 [J]. 控制与决策，2007，22 (7)：721 - 729.
[56] 徐刚，马光文. 基于蚁群算法的梯级水电站群优化调度 [J]. 水力发电学报，2005，24 (5)：7 - 10.
[57] 乔西现，原文林，黄强，等. 改进的禁忌搜索算法在梯级水库联合优化调度中的应用研究 [J]. 西安理工大学学报，2008，24 (1)：75 - 79.
[58] Kollat J B, Reed P M. Comparing state - of - the - art evolutionary multi - objective algorithms for long - term groundwater monitoring design [J]. Advances in Water Resources, 2006, 29 (6): 792 - 807.
[59] Srinivas N, Deb K. Multiobjective Optimization Using Non - dominated Sorting in Genetic Algorithms [J]. Evolutionary Computation, 1993, 2 (3): 221 - 248.
[60] 高媛. 非支配排序遗传算法（NSGA）的研究与应用 [D]. 杭州：浙江大学，2006.
[61] 王海霞. 考虑生态目标的水库引水与供水联合调度研究 [D]. 大连：大连理工大学，2015.
[62] Deb K, Agrawal S, Pratap A, et al. A Fast Elitist Non - dominated Sorting Genetic Algorithm for Multi - objective Optimization: NSGA - Ⅱ [C], 2000.
[63] 王煜，戴会超，王冰伟，等. 优化中华鲟产卵生境的水库生态调度研究 [J]. 水利学报，2013，39 (3)：319 - 326.
[64] Suen J P, Eheart J W. Reservoir management to balance ecosystem and human needs: Incorporating the paradigm of the ecological flow regime [J]. Water Resources Re-

search，2006，42（3）：178－196.
［65］ 杨扬．考虑生态需水分析的水库调度研究［D］．大连：大连理工大学，2012.
［66］ Richter B D，Baumgartner J V，Powell J，et al. A method for assessing hydrologic alteration within ecosystems［J］．Conservation Biology，1996，10（4）：1163－1174.
［67］ Richter B D，Baumgartner J V，Braun D P，et al. A spatial assessment of hydrologic alteration within a river network［J］．River Research & Applications，1998，14（4）：329－340.
［68］ 王海霞．考虑生态目标的水库引水与供水联合调度研究［D］．大连：大连理工大学，2015.
［69］ 杨娜，梅亚东，于乐江．考虑天然水流模式的多目标水库优化调度模型及应用［J］．河海大学学报（自然科学版），2013，41（1）：85－89.

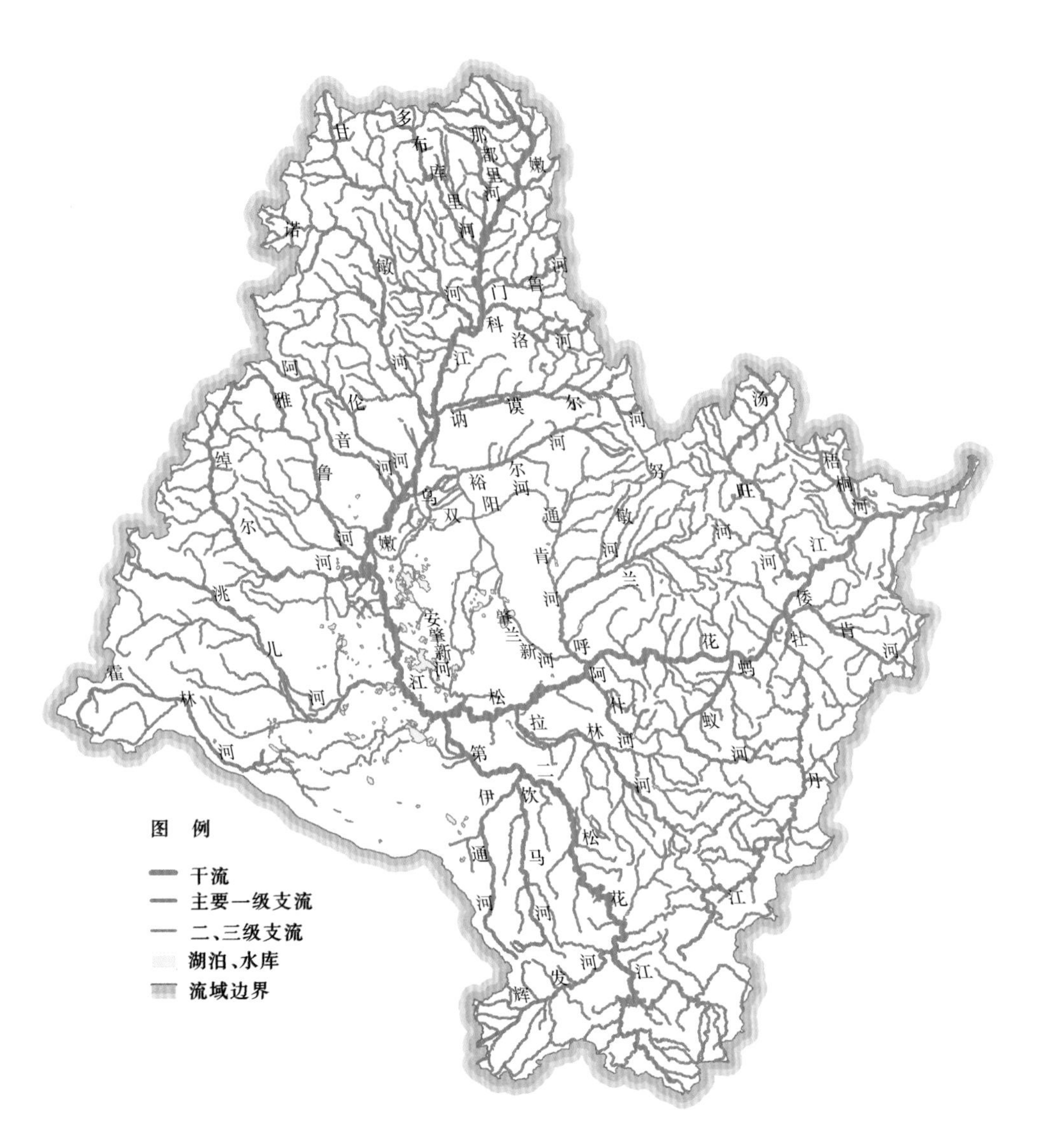

附图 1 松花江流域河湖水系分布图

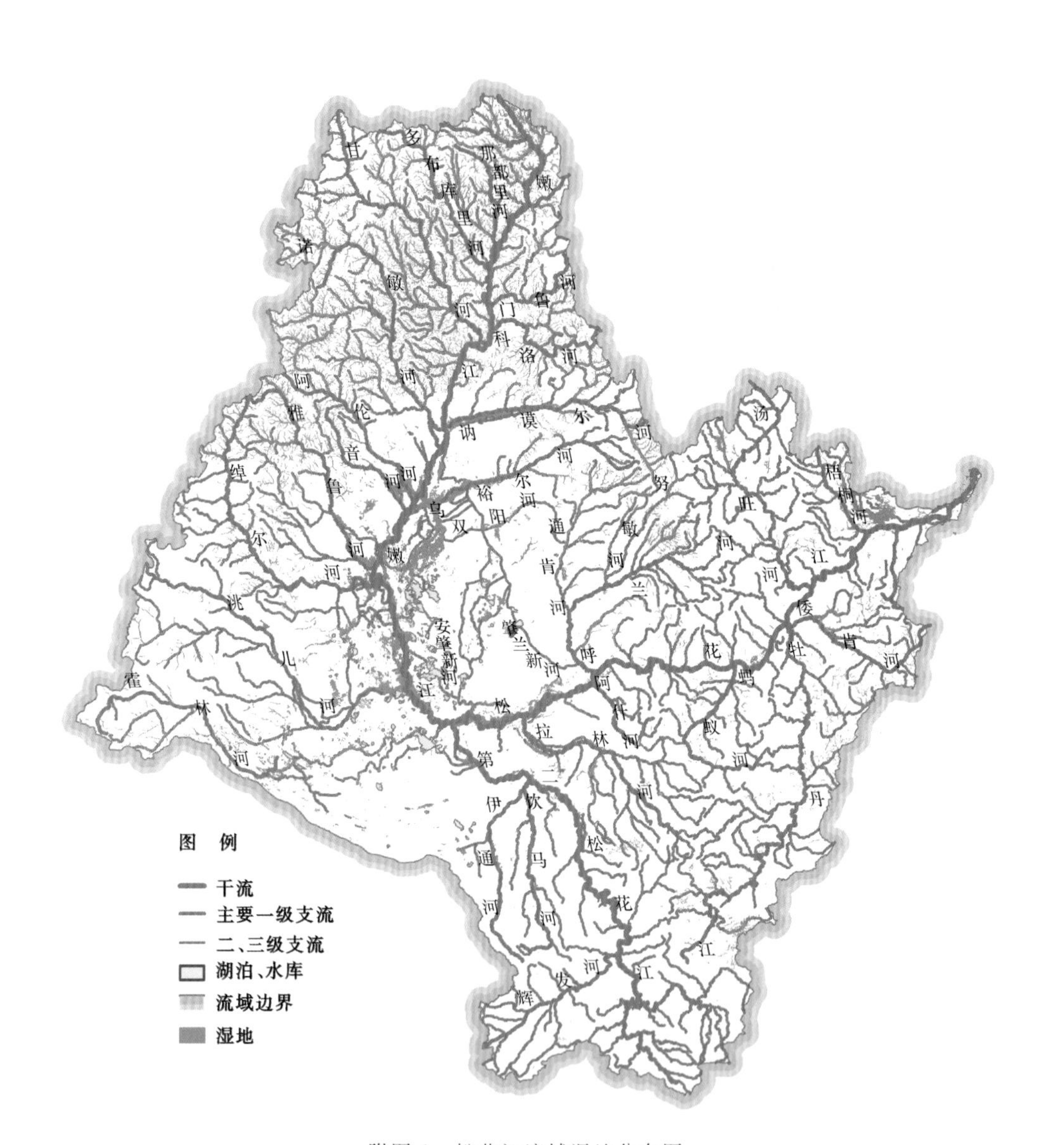

附图 2　松花江流域湿地分布图

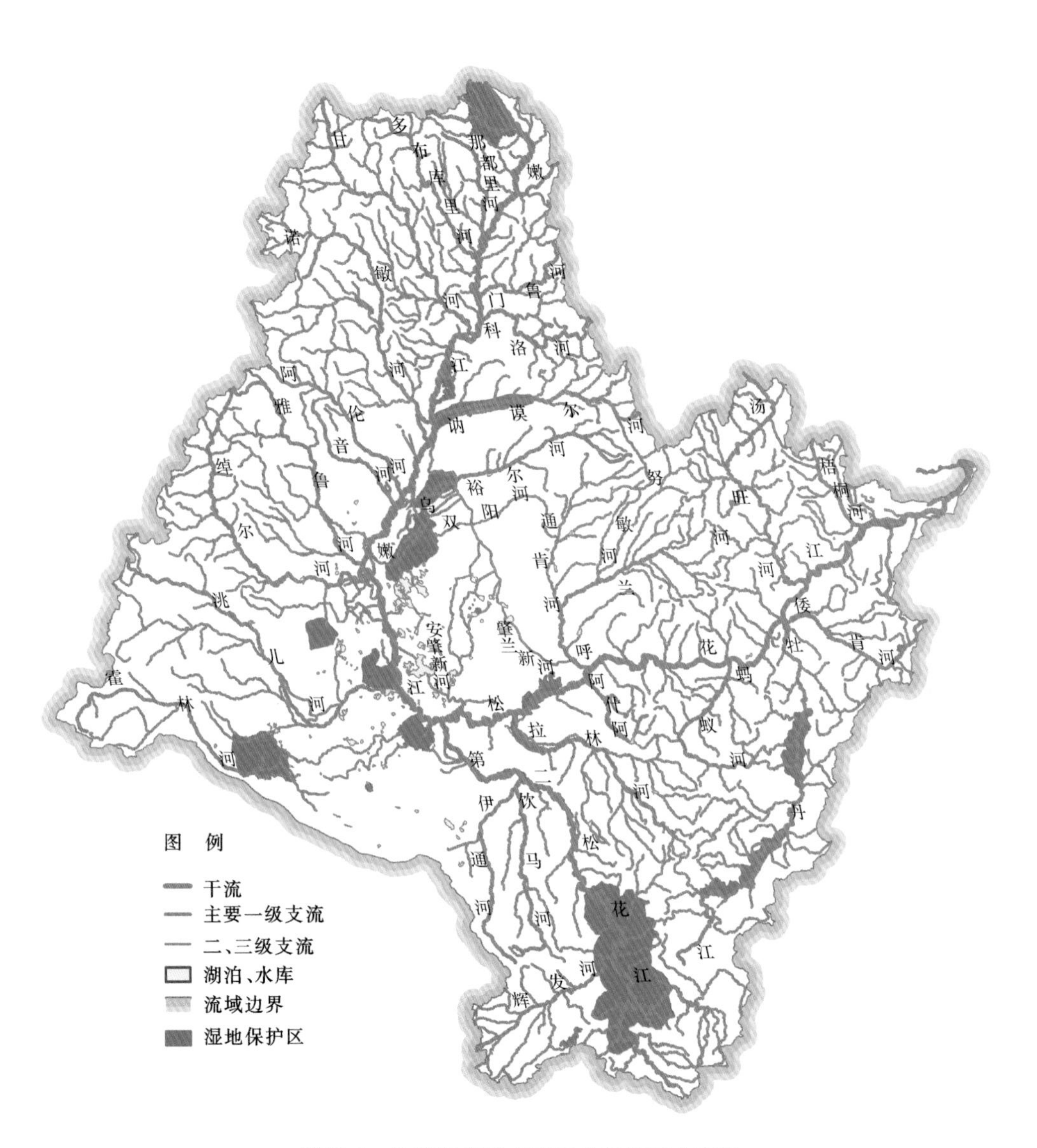

附图3 松花江流域主要湿地保护区分布图

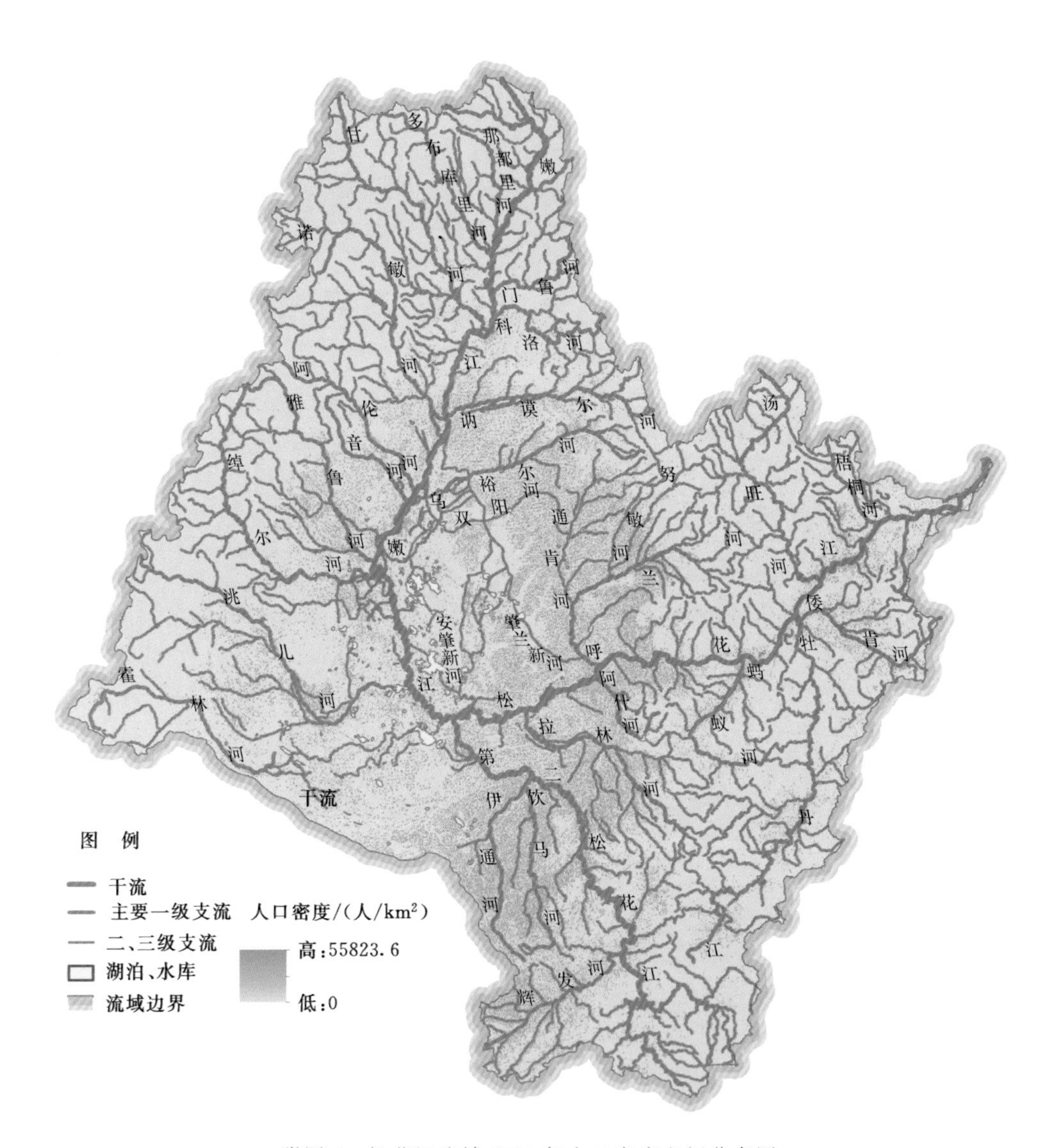

附图 4　松花江流域 2010 年人口密度空间分布图

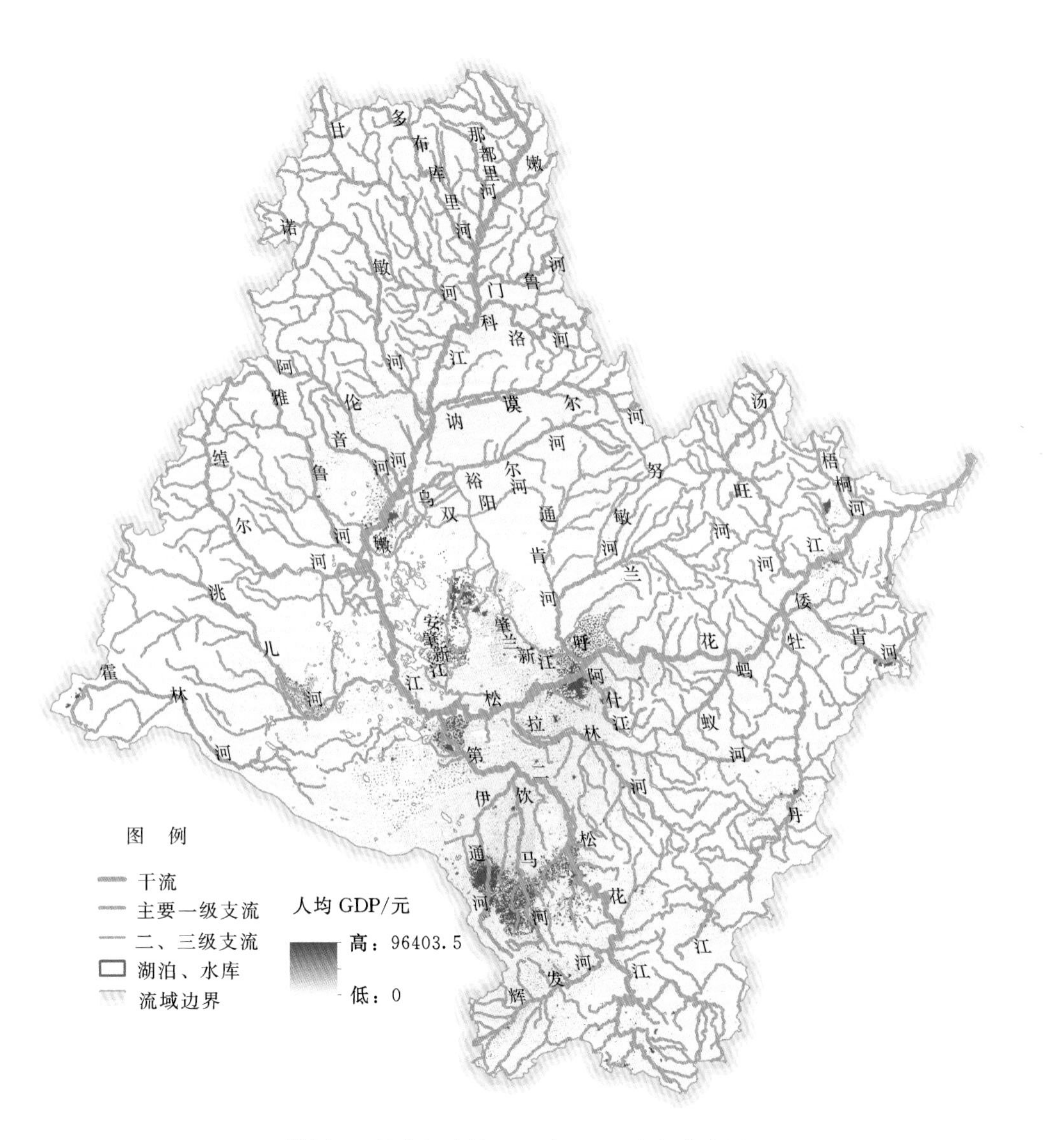

附图5　松花江流域2010年GDP空间分布图

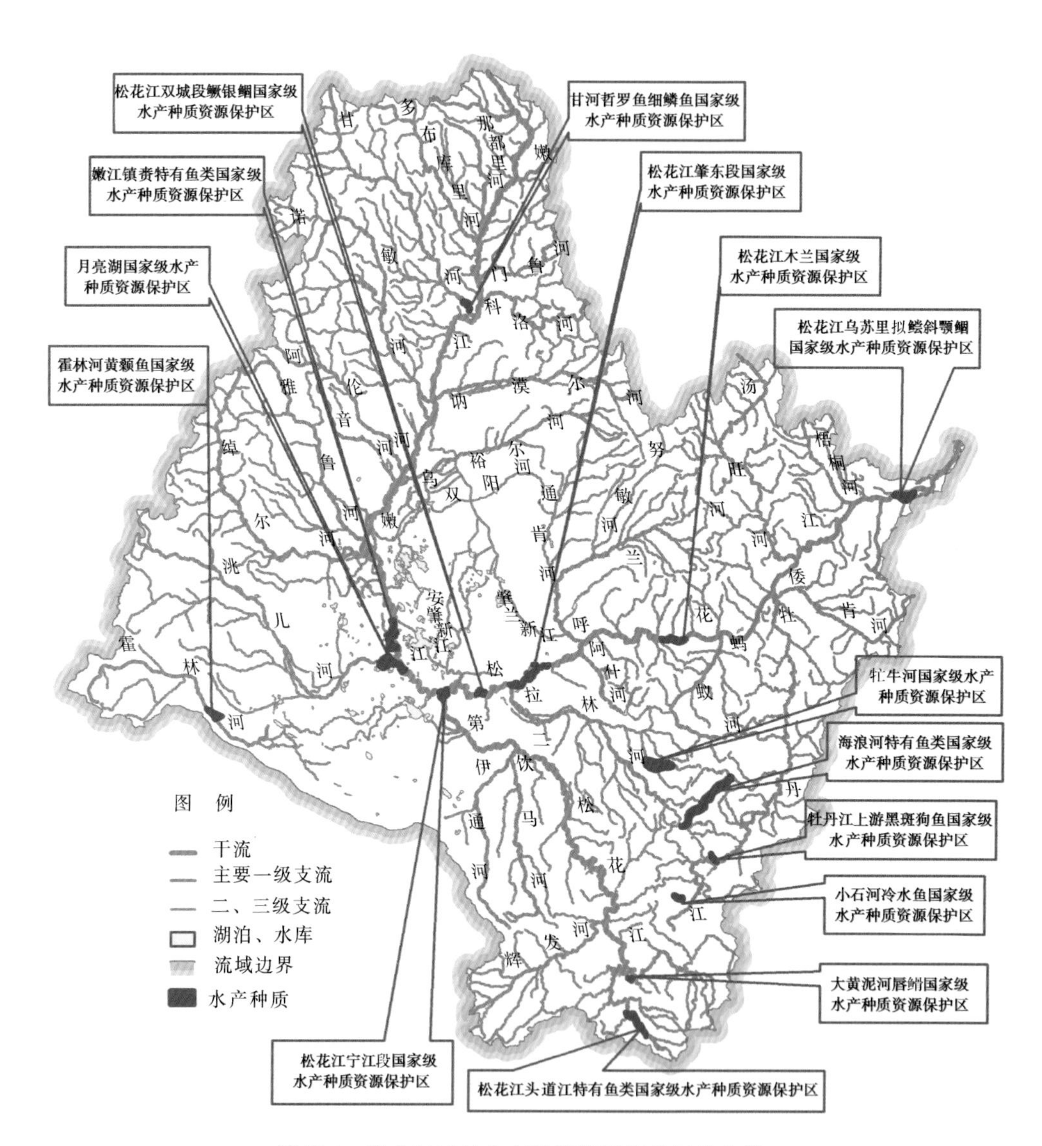

附图 6　松花江流域水产种质资源保护区分布图

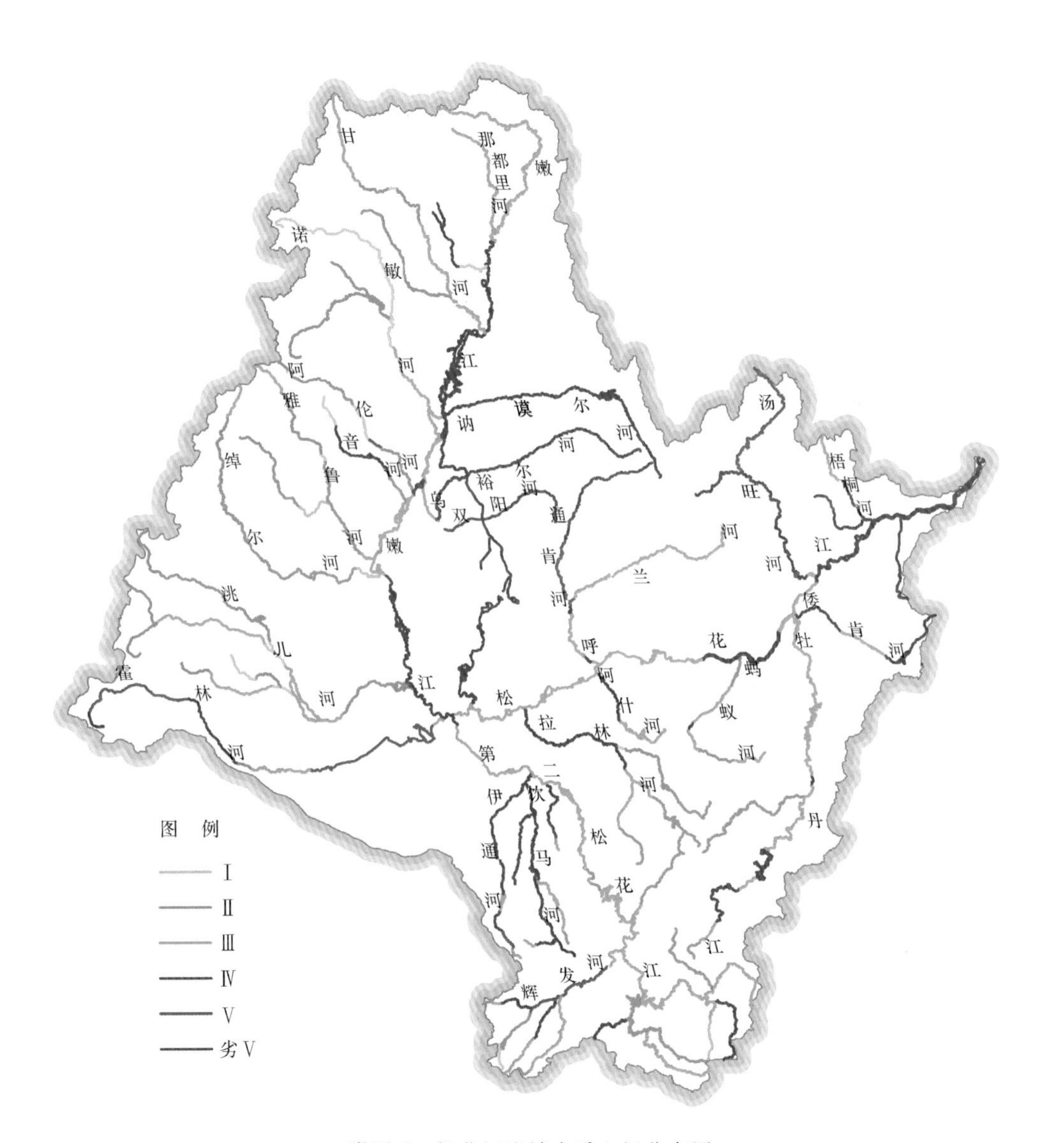

附图 7　松花江流域水质空间分布图

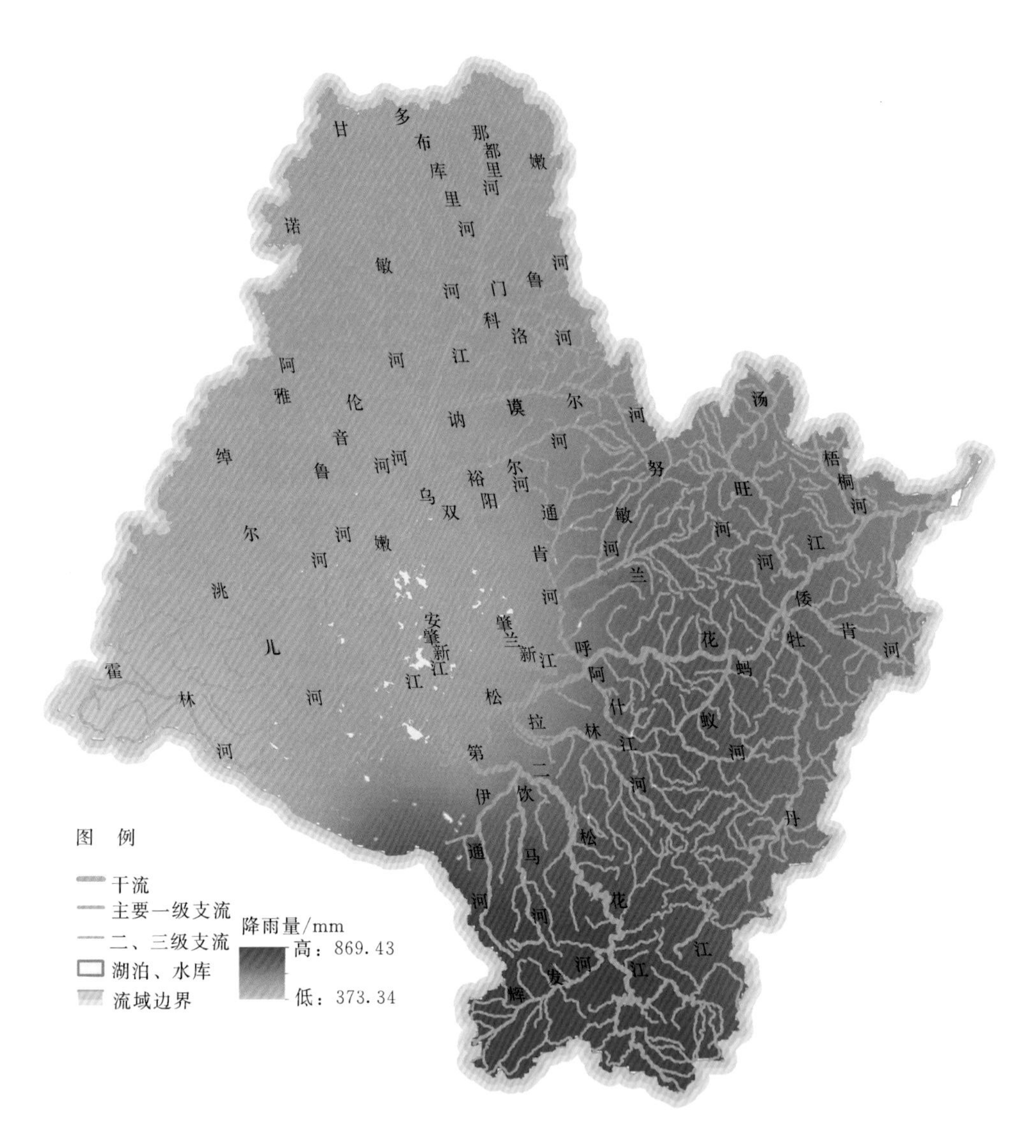

附图 8　松花江流域降雨量分布图

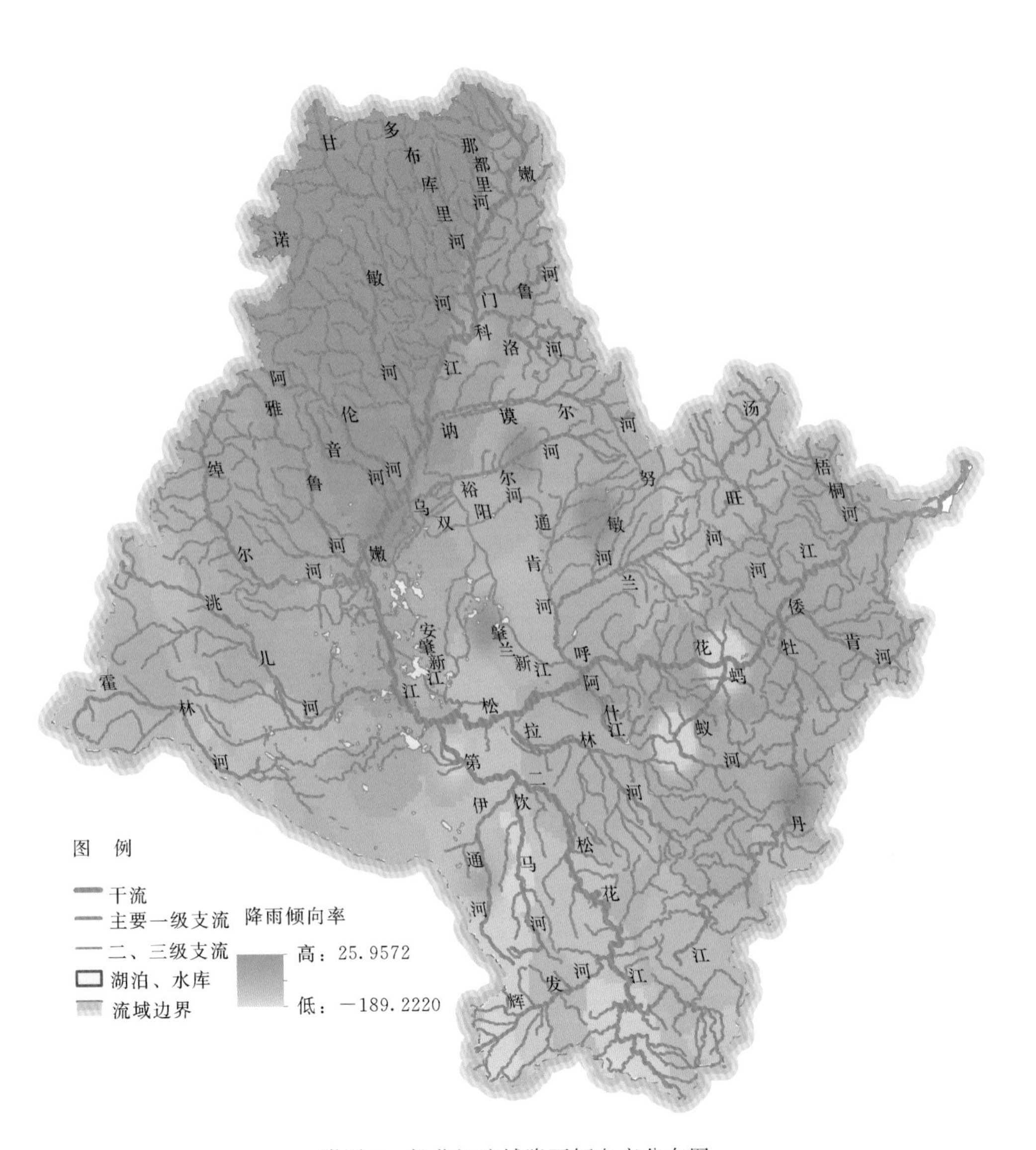

附图 9　松花江流域降雨倾向率分布图

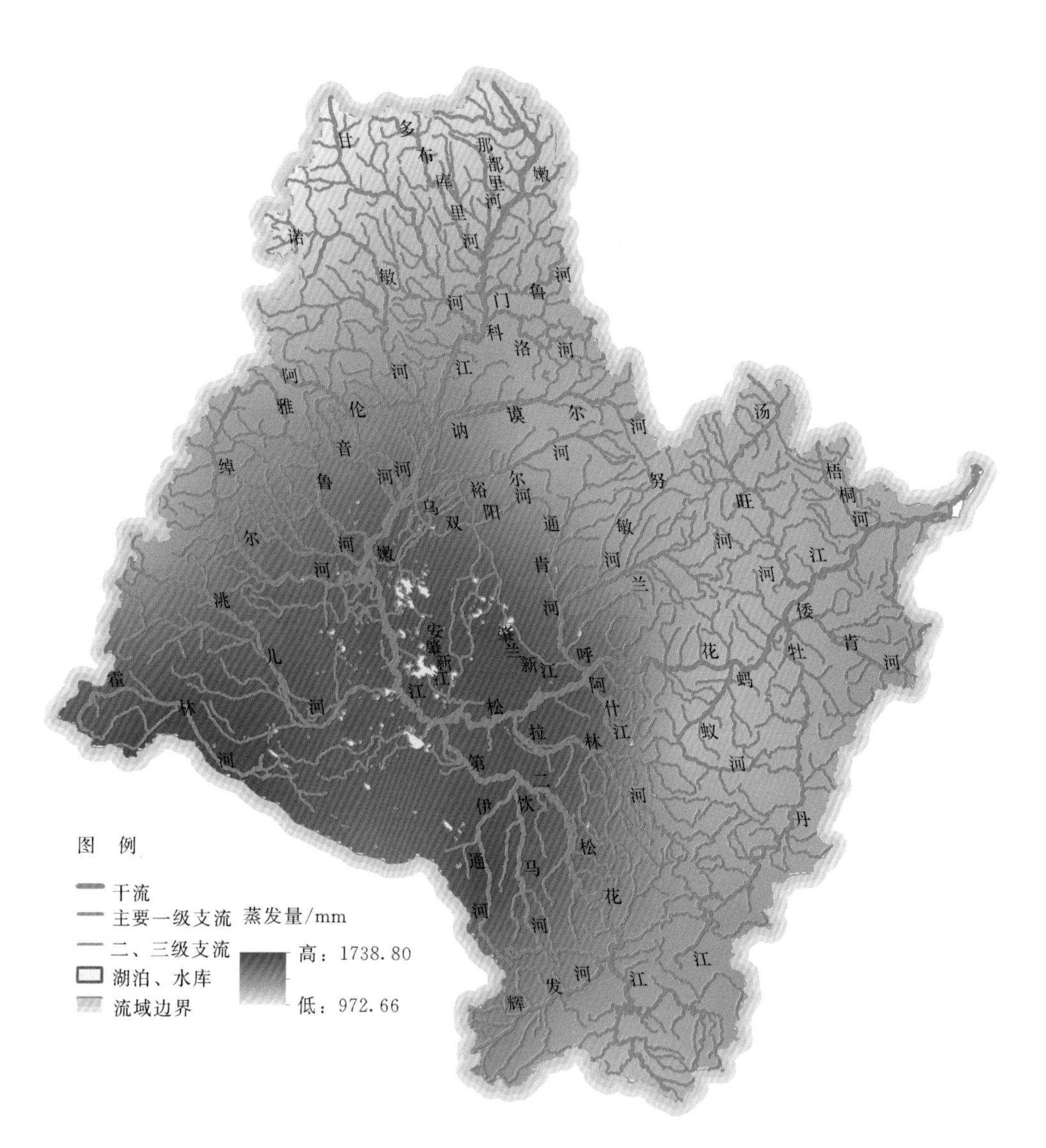

附图 10　松花江流域蒸发量空间分布图

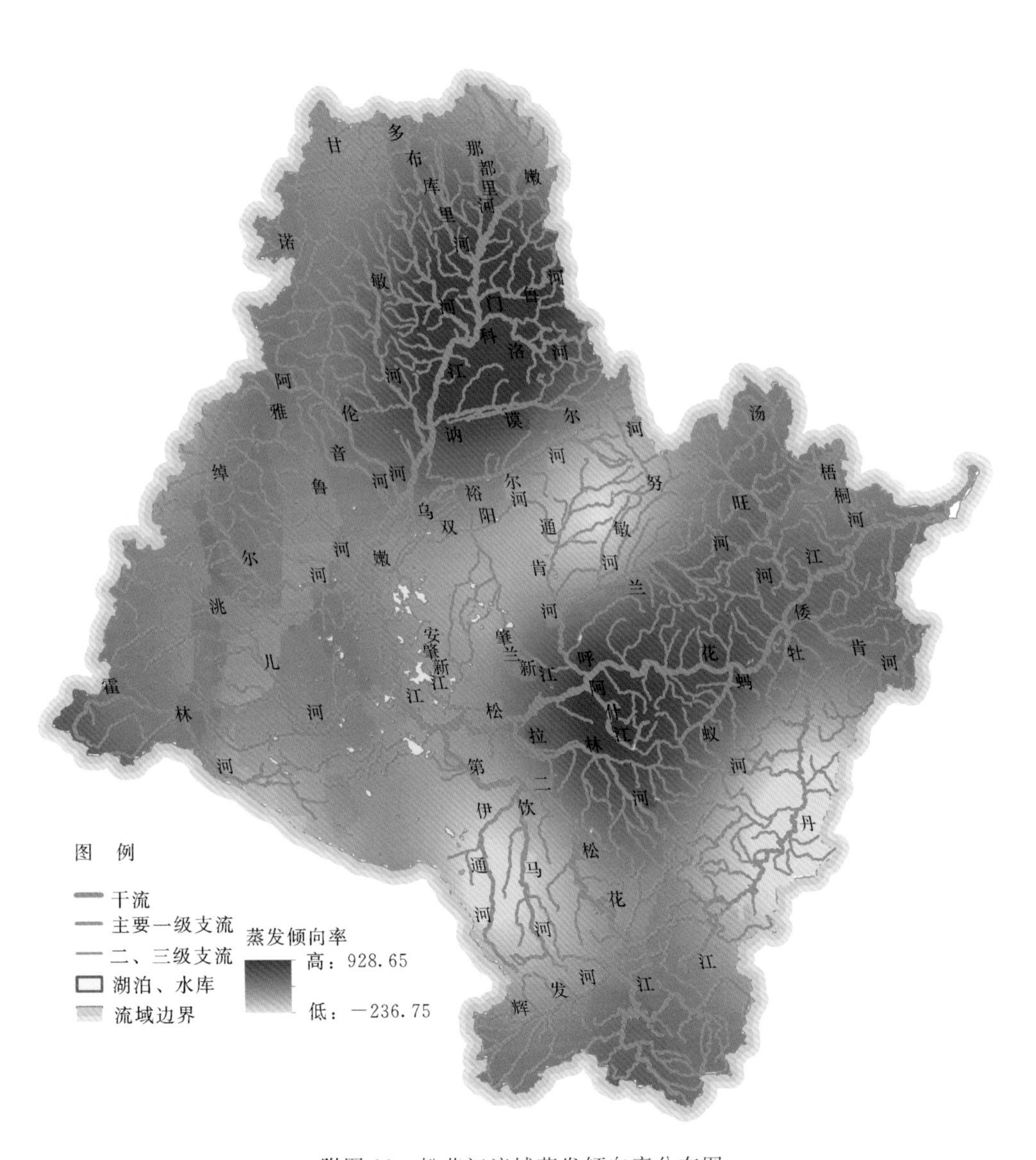

附图11　松花江流域蒸发倾向率分布图

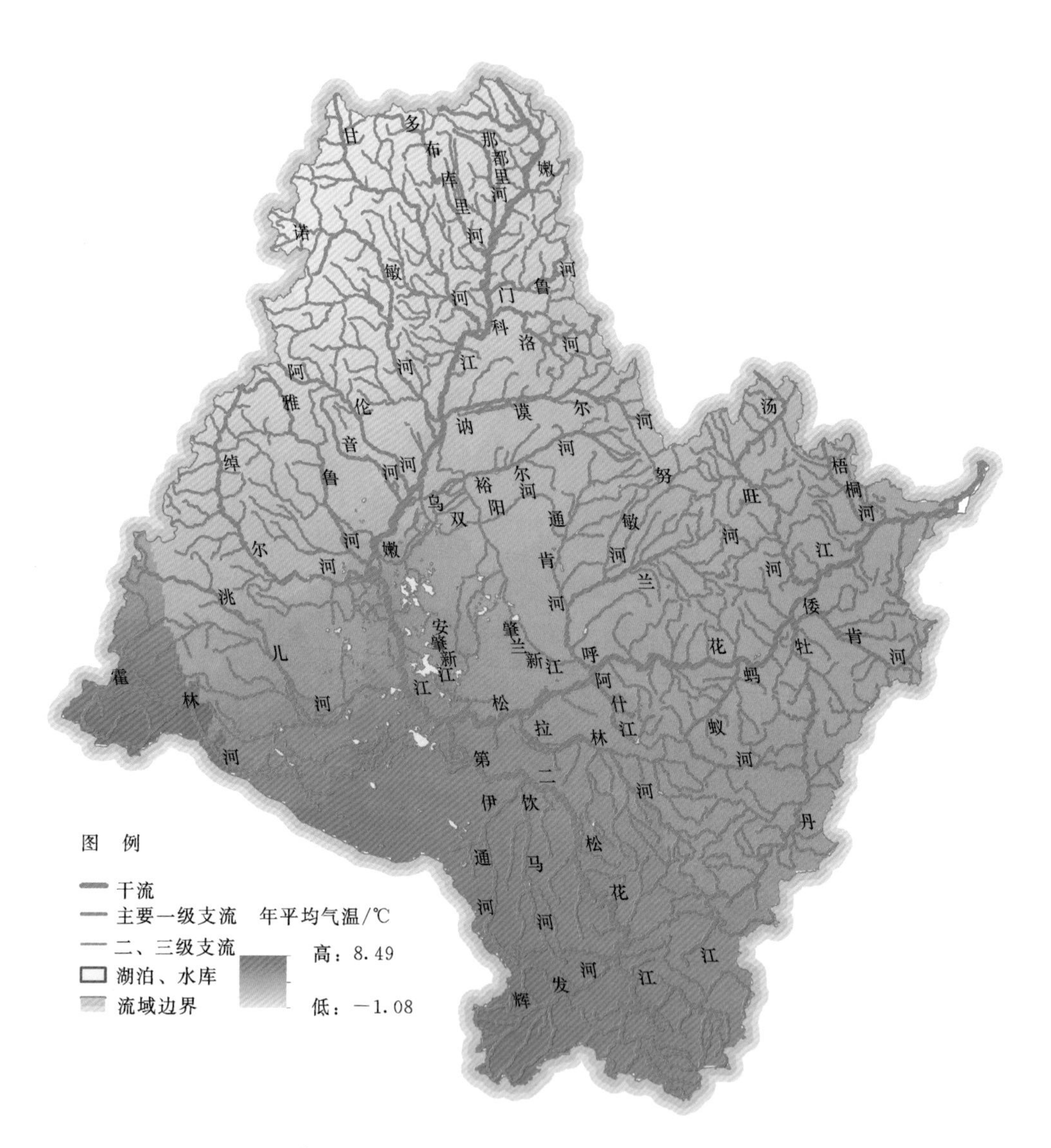

附图 12　松花江流域年平均气温空间分布图

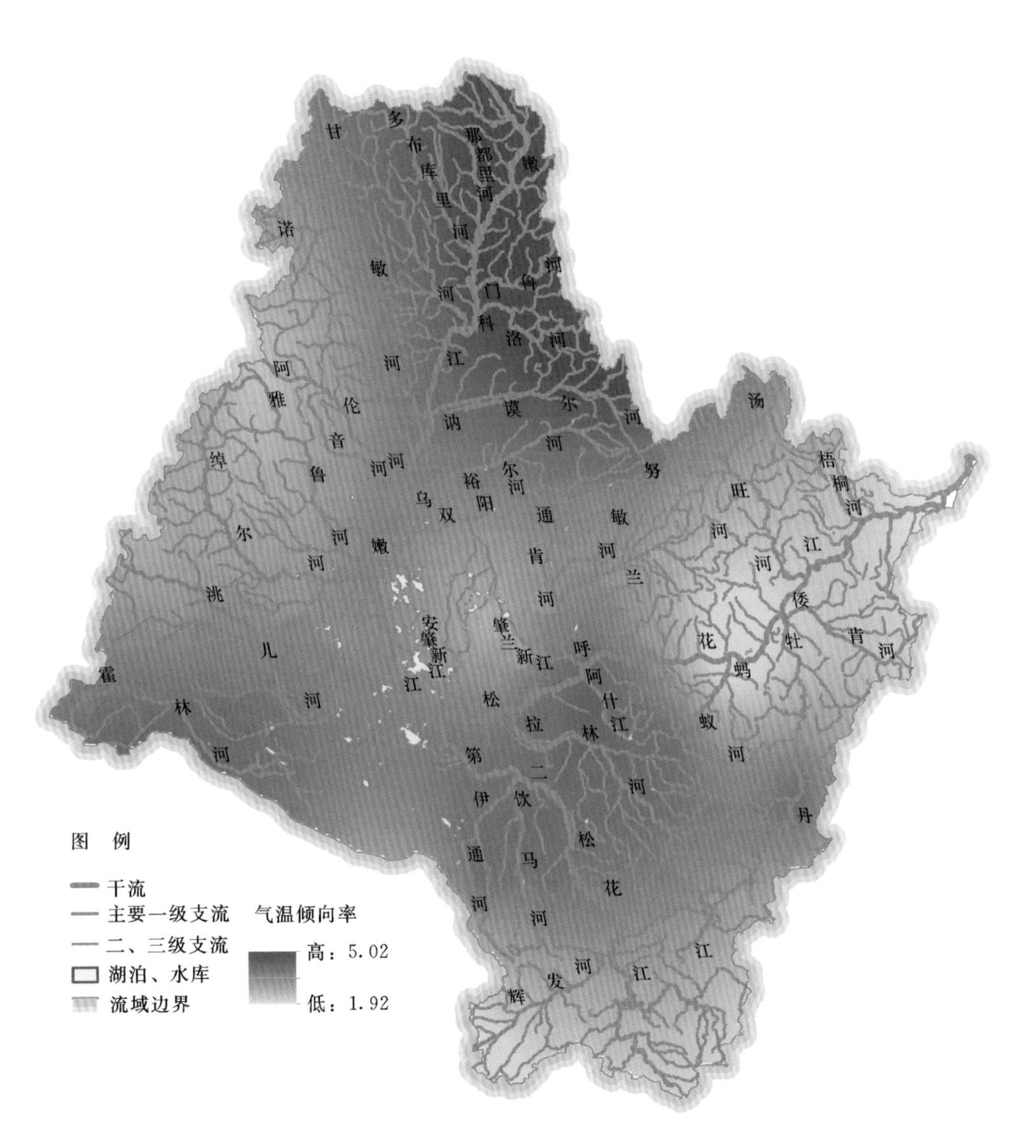

附图 13　松花江流域年平均气温倾向率分布图

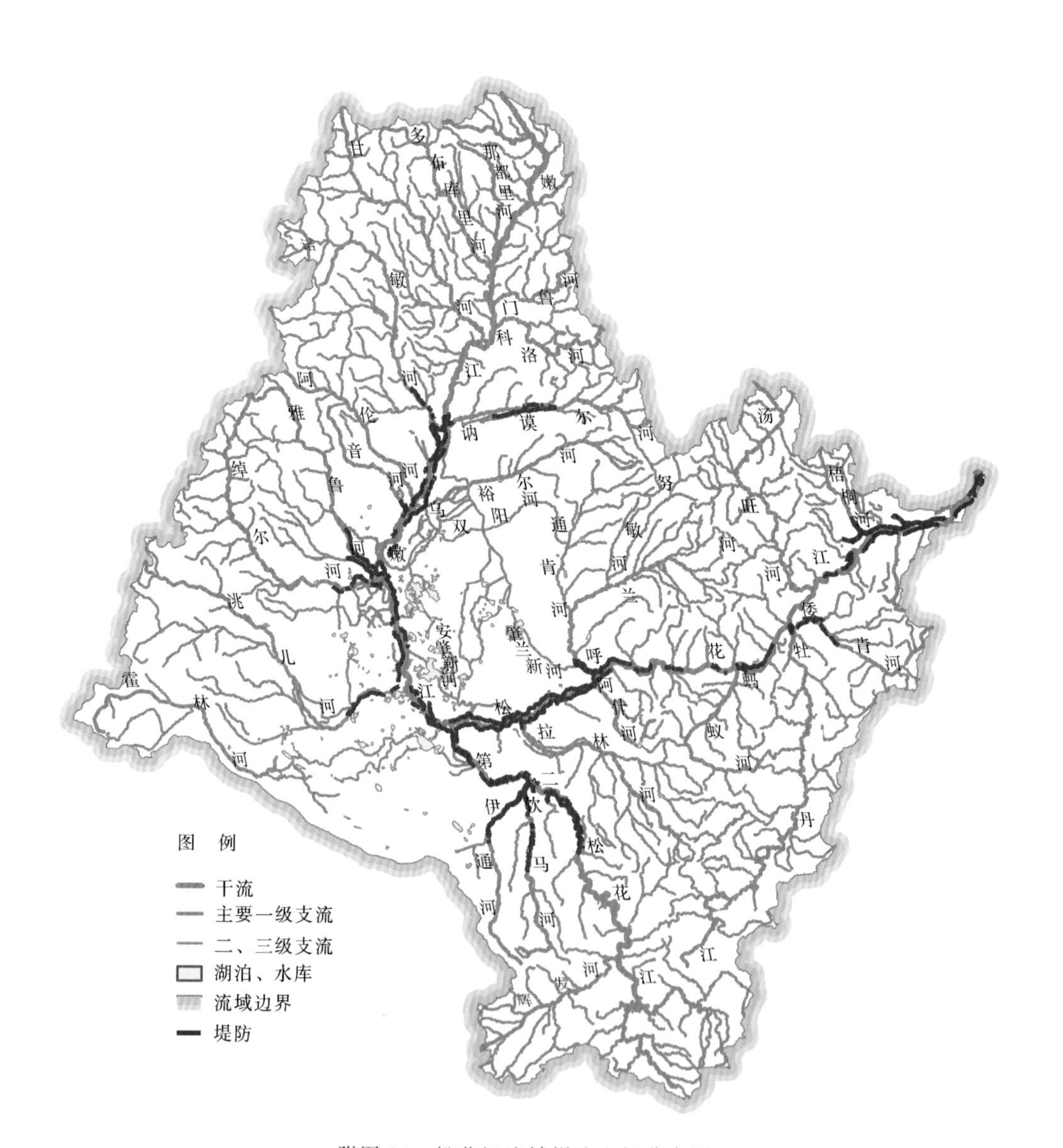

附图 14　松花江流域堤防空间分布图

责任编辑　王若明

微信号：Waterpub-Pro

唯一官方微信服务平台

销售分类：水利水电

ISBN 978-7-5170-5915-8

定价: 48.00 元

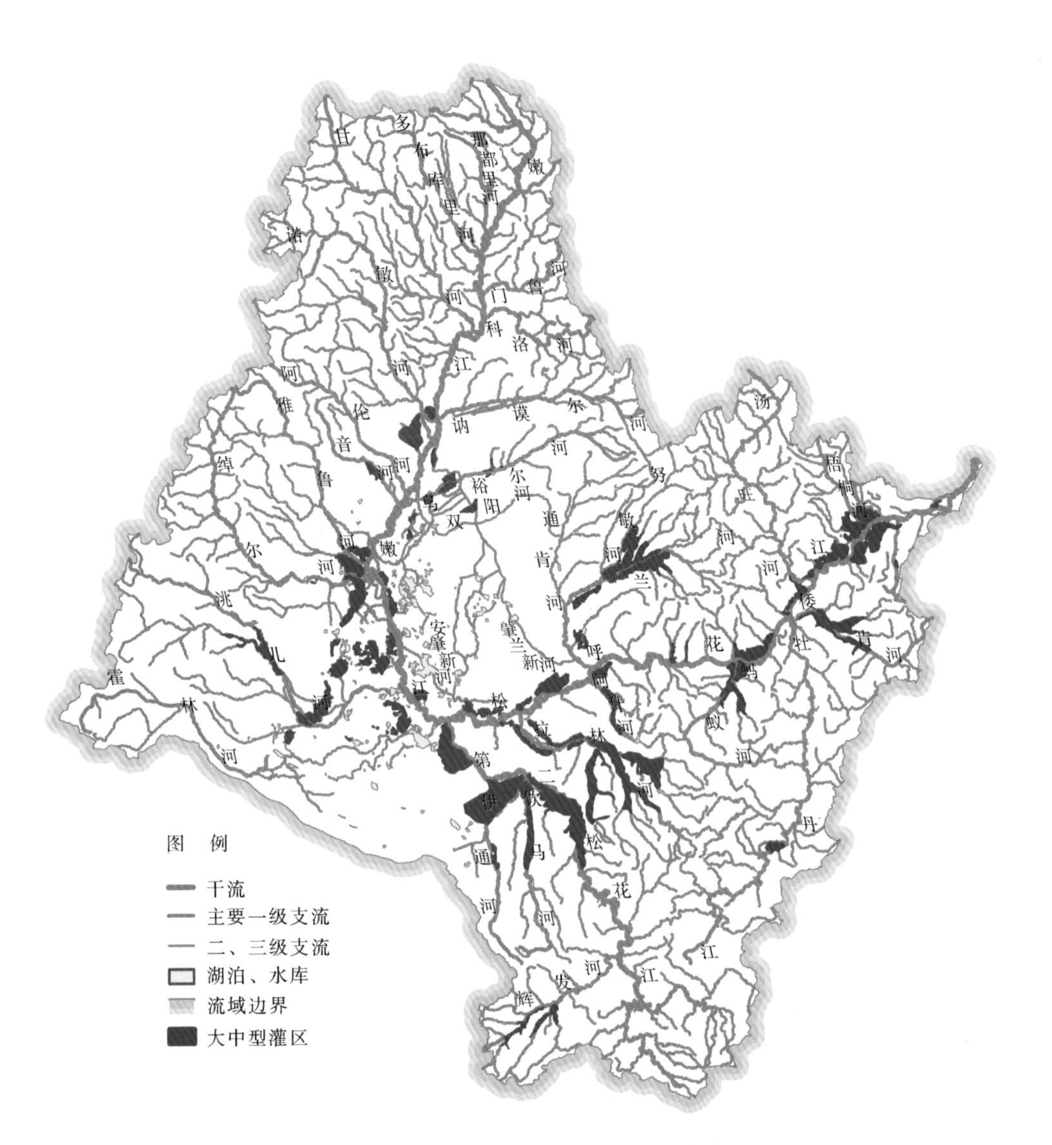

附图 15　松花江流域大中型灌区空间分布图

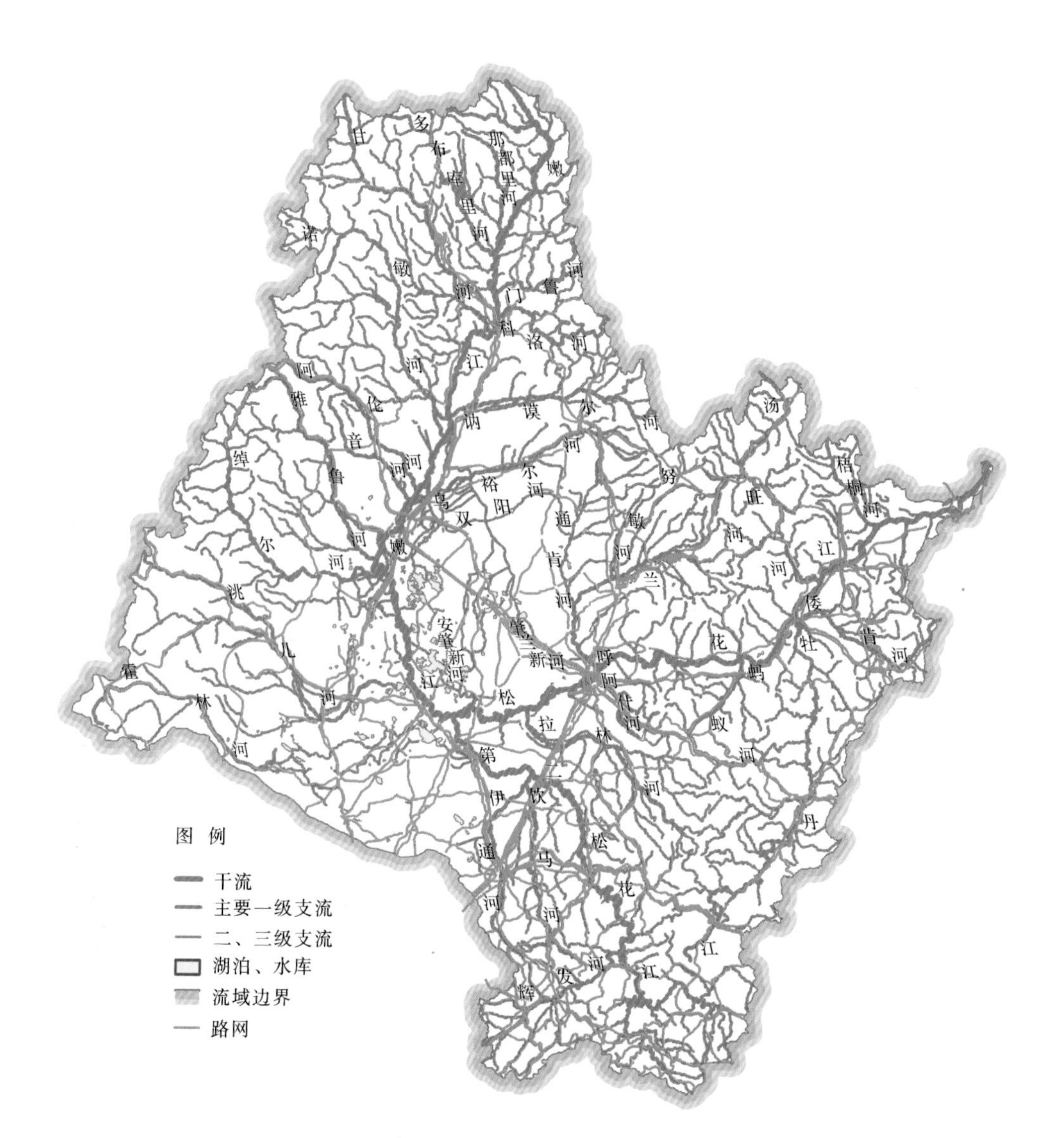

附图 16　松花江流域路网分布图